含有分级认知用户的认知无线网络研究

赵 媛 著

东北大学出版社

·沈 阳·

图书在版编目（CIP）数据

含有分级认知用户的认知无线网络研究 ／ 赵媛著
. — 沈阳：东北大学出版社，2021. 12
ISBN 978-7-5517-2832-4

Ⅰ. ①含…　Ⅱ. ①赵…　Ⅲ. ①无线网－研究　Ⅳ.
①TN92

中国版本图书馆 CIP 数据核字（2021）第 243798 号

────────────────────────

出 版 者：东北大学出版社
　　　　　地址：沈阳市和平区文化路三号巷 11 号
　　　　　邮编：110819
　　　　　电话：024-83680176（总编室）　83687331（营销部）
　　　　　传真：024-83680176（总编室）　83680180（营销部）
　　　　　网址：http://www.neupress.com
　　　　　E-mail: neuph@neupress.com
印 刷 者：沈阳市第二市政建设工程公司印刷厂
发 行 者：东北大学出版社
幅面尺寸：170 mm×235 mm
印　　张：8.75
字　　数：168 千字
出版时间：2021 年 12 月第 1 版
印刷时间：2021 年 12 月第 1 次印刷
策划编辑：汪子珺
责任编辑：廖平平
责任校对：汪子珺
封面设计：潘正一
责任出版：唐敏志

────────────────────────

ISBN 978-7-5517-2832-4　　　　　　　　　定 价：56.00 元

前　言

近年来，随着网络新技术的不断涌现，网络需求呈现更加繁复和多样化的态势，认知无线网络中的频谱二次利用技术可以有效提高频谱利用率。但传统认知无线网络中只含有授权用户与认知用户两类用户，已不能适应新时代背景下复杂多变的异构网络环境。为了更好地适应网络用户的多样化需求，本书在认知无线网络的框架下，对认知用户引入分级机制，面向不同级别网络用户展开自适应控制机制设计、随机模型建模理论与系统优化方法的研究。

本书内容来源于著者近几年从事含有分级认知用户的认知无线网络的一系列研究成果，较为深入地研究了含有分级认知用户的认知无线网络的建模与优化方法。基于不同的频谱共享场景，提出一系列自适应控制机制，并进行系统建模与分析。针对所提出的自适应控制机制中的关键策略参数进行优化设计，进一步改进了系统性能。本书包含 7 章内容。第 1 章概述了认知无线网络和含有分级认知用户的认知无线网络的研究背景及研究现状。第 2 章提出了一种基于分级认知用户接入阈值的频谱分配策略，实现了对次级认知用户的接入控制，并给出了接入阈值的优化设计方案。第 3 章提出了一种基于分级认知用户中断掉包的频谱分配策略，针对被中断传输的高级认知用户数据包和次级认知用户数据包，引入了一种中断掉包机制，以降低系统的平均延迟，并对次级认知用户的系统接入行为进行了博弈优化分析。第 4 章提出了一种基于分级认知用户可调节接入控制的频谱分配策略，通过引入调节因子，实现了自适应的数据接入控制，并给出了调节因子的优化设计方案。第 5 章提出了一种基于高级认知用户非抢占的频谱分配策略，并考虑高级认知用户的相对优先权，为尽可能保证次级认知用户传输的连续性，提出了一种高级认知用户面向次级认知用户的非抢占机制，并将其与传统抢占机制进行了性能对比。第 6 章在第 5 章的基础上提出了一种基于高级认知用户概率抢占的频谱分配策略。为了更好地平衡高级认知用户和次级认知用户的系统性能，假设高级认知用户将以一个固定概率（定义为抢占概率）抢占被次级认知用户占用的信道，研究了抢占概率对系统性能的影响，并对抢占概率进行了优化设计。第 7 章将次级认知用户的非理想频谱感知结果引入含有分级认知用户的认知无线网络研究中来，探讨了漏检概率与虚警概率对系统性能的影响。结论部分总结了全书内容，并对未来相关研究方向进行了展望。

本书的研究成果可以应用于认知无线网络的相关研究与设计中。本书所研究的含有分级认知用户的认知无线网络相较于传统认知无线网络可以更好地适应网络传输需求的多样性，因此应用前景更加广泛。本书根据所提出的频谱分配策略的工作机制进行了系统建模与解析，并通过数值实验评估了所提出的频谱分配策略的系统性能。这些方法和手段可为认知无线网络的相关研究提供一定的理论支撑与指导。本书可作为高等学校计算机科学与技术、物联网工程和其他相关专业的高年级本科生及研究生的教学参考书，也可供从事相关专业的教师和科研人员参考。

本书的出版得到了国家自然科学基金（61701097）的资助，在此深表感谢。本书著者的博士生导师金顺福教授对本书内容的编写提出了很多建设性意见，硕士研究生向志宇、周超志参与了部分内容的录入及校对工作，著者在此也一并表示衷心的感谢。

由于著者水平有限，书中难免存在错误和不妥之处，欢迎读者批评指正，以求改进。

著　者

2021 年 9 月

目　录

第 1 章 绪 论

1.1 研究背景及意义

近年来，随着新兴网络技术的迅速崛起，网络业务数量陡增，人们对频谱资源的需求也不断增加。众所周知，频谱资源属于国家所有，是具有重要战略意义的稀缺资源。但频谱资源作为一种稀缺资源，随着需求的增大，其短缺问题亦愈加明显。合理且有效地利用频谱资源关系到我国经济社会发展和国防现代化建设，具有重要的经济与战略意义。

频谱资源是有限的，而最好的解决频谱资源短缺问题的方法是提高频谱利用率。《国家无线电管理规划（2016—2020 年）》中特别指出，"完善频率动态管理机制，推进频率利用由独享模式向共享模式转变"。转化传统频谱独享模式，推进频谱共享模式是提高频谱利用率的有效方法。而以频谱资源"二次利用"为基本运行模式的认知无线网络[1]正适应于频谱资源由独享模式向共享模式的转变。

认知无线网络是一种以 Mitola 博士提出的认知无线电为基础的具有认知功能的网络[2, 3]。在认知无线网络中存在两类用户，即授权用户（primary user，PU）和认知用户（seconary user，SU）[4, 5]。授权用户对授权频谱具有绝对的使用权，认知用户通过感知频谱状态在授权用户未占用授权频谱时机会式占用空闲频谱进行数据传输。认知用户的这种机会式频谱占用机制有效提高了频谱利用率[6-10]。认知无线网络的相关研究引起了专家、学者及研究机构的极大关注，认知无线网络中相关的频谱分配策略更成为近年来的研究热点[11-15]。

然而，随着无线通信技术的高速发展，近年来用户端的业务需求呈现更加繁复和多元化的态势。在无线通信网络传输中，用户端之间不同层次且多样化的网络传输需求给认知无线网络频谱分配策略研究带来了新的困难与挑战。首先，传统认知无线网络中基于单一级别认知用户的假设不能很好地适应实际网络运行中的网络用户多样化传输需求。其次，随着认知无线网络频谱分配策略研究的不断深入，考虑网络技术的不断更新，传统的系统建模理论已不能较好地适应新形势下复杂的网络运行模式。再次，认知无线网络研究中大多偏重对系统性能的分析，缺少对系统性能优化方面的研究，考虑网络用户的多样性和不同级别用户之间的相互影响，有必要对频谱分配策略中的关键策略参数进行优化研究，进一步改进所提出的频谱分配机制。基于此，本书突破已有研究的诸多局限性，在认知无线网络的框架下，基于网络用户传输需求的多样性，引入分级认知用户。结合无线通信网络实际需求，从不同的角度提出了几种新型的自适应控制机制，并将其引入含有分级认知用户的认知无线网络频谱分配策略研究中；通过建立合理的离散时间随机排队模型，对系统性能进行评估；并对所提出的频谱分配策略进行优化分析。本书研究内容的意义在于以下三方面。

其一，基于系统频谱特征及网络负载状况，在保证授权用户的频谱使用权利的前提下，根据认知无线网络中用户传输需求的多样性对认知用户进行分级，面向分级认知用户进行自适应控制机制研究，提出合理的频谱分配策略。面向分级认知用户的频谱分配策略，可以更好地适应当今网络需求的多样性和复杂多变的网络运行模式。

其二，考虑当今通信传输的数字化特点，结合针对多类网络用户的分级控制机制，建立新型的离散时间多顾客多优先级随机排队模型并进行模型解析，突破传统认知无线网络研究中两类顾客及连续时间随机模型的局限，探索更加适应于认知无线网络性能评估的建模与解析理论，为含有分级认知用户的认知无线网络相关研究提供理论研究依据。

其三，考虑授权用户与认知用户之间、不同级别认知用户之间的相互作用关系，研究针对重要策略参数的优化设计方案；基于不同级别用户之间的合作及博弈关系，研究分级认知用户之间的纳什均衡行为，更加客观全面地评估及优化认知用户的系统行为。结合不同的分级控制机制的运行环境，给出切实可行的系统优化方法，进一步改进与调整分级控制方案，实现系统性能最优。

1.2 认知无线网络研究分析

认知无线网络的相关概念被提出之后，由于其在提高频谱利用率方面的技术优势，引起了学术界的广泛关注。国内外专家学者对认知无线网络的研究一直十分活跃，并对认知无线网络中的一些关键问题，如频谱感知问题[16-20]、功率分配及控制相关问题[21-24]、中继选择问题[25-27]等展开研究。国内对认知无线网络的研究也十分重视。各级基金项目，包括国家自然科学基金近些年来也支持了多项有关认知无线网络的项目研究工作，这说明了我国对认知无线网络相关研究的重视程度较高。总而言之，认知无线网络已成为计算机网络、通信网络等领域的研究热点，而频谱分配策略设计更是认知无线网络研究中最重要的问题之一。现从以下几个方面介绍认知无线网络频谱分配策略相关研究成果。

1.2.1 分布式频谱分配策略和集中式频谱分配策略研究

基于认知无线网络的网络架构，认知无线网络中的频谱共享方式可以分为集中式频谱共享和分布式频谱共享[28-29]，而认知无线网络频谱分配策略也可分为集中式频谱分配策略和分布式频谱分配策略。

1.2.1.1 集中式频谱分配策略

在集中式频谱分配策略中，授权用户与认知用户的系统行为受到中央控制器的统一调配，中央控制器一般为一个实体(基站)，可实现对网络中不同用户的资源调配。中央控制器对频谱资源的统一调配可以避免用户之间的信息碰撞与冲突，有效保证了系统中用户的数据传输质量。

中央控制器负责控制认知用户的系统行为，以免其对授权用户的传输造成干扰；中央控制器对授权用户的系统行为进行有序调度，进而实现合理的频谱分配。目前，已有的集中式频谱分配策略研究多集中于面向不同网络用户的频谱分配调度设计，以实现更好的系统性能[30]。Zhao[31]等人面向集中式认知无线网络，提出了一种带有接入阈值的频谱分配策略，以控制认知用户的系统接入行为。实验结果表明，带有接入阈值的集中式频谱分配策略可以有效降低认知用户的平均延迟。Bayhan[32]等人从节能角度出发，将频谱调度问题描述为一个能量效率最大化问题，提出了一种节能启发式调度算法。实验结果表明，与具有吞吐量最大化目标的纯机会式调度算法相比，文献[32]所提出的调度算法可以获得几乎相同的吞吐量性能，同时具有更好的能量效率。El Azaly[33]等人考虑多信道认知无线网络中的信道预留问题，提出了一种带有认知用户预留信道的集中式频谱分配策略。中央控制器将频谱划分为非预留信道和预留信道，为网络用户提供动态协调信道接入方案。实验结果表明，在满足授权用户服务质量目标的同时，带有认知用户预留信道的集中式频谱分配策略可以降低认知用户的阻塞概率和传输中断概率。Pei[34]等人考虑基站作为感知数据的融合中心，可根据周边认知用户的感知信息进行频谱分配决策，提出了一种新的认知无线网络信任管理机制，该机制可以根据网络的安全需求和利润需求灵活调整资源分配策略，降低了将频谱资源分配给恶意用户的概率，极大地提高了频谱分配的公平性。Zhao[35]等人面向含有多信道的认知无线网络展开研究，假设网络中含有一个授权用户和多个认知用户，提出了一种带有多输入流的集中式频谱分配策略。通过构建马尔可夫链模型，给出了认知用户的阻塞率与吞吐量性能指标，并针对认知用户缓存容量进行了优化设计。实验结果表明，同传统单输入流系统相比，所提出的多输入流机制可以有效提高认知用户的吞吐量。另外，在一些文献中，中央控制器作为管理者可以对授权频谱进行拍卖或租赁[36-39]，通过调节拍卖或租赁价格与流程，实现系统收益的最优。

总之，在中央控制器的统一调配下，系统中各类用户的行为可以得到合理且有效的调度，尤其是当认知用户的传输需求较大时，相较于分布式频谱分配策略，集中式频谱分配策略下的认知用户吞吐量性能表现更为优秀[40]。

1.2.1.2 分布式频谱分配策略

在分布式频谱分配策略中，系统用户实现自治性管理，不需要中央控制器的统一调配，每个用户都能参与到频谱的资源分配中，认知用户基于频谱状态感知结果，制定自己的传输策略。分布式频谱分配策略因其在频谱分配方面的灵活性引起了广泛关注，涌现出一批关于分布式频谱分配策略的相关研究[41]。

胡小辉[42]等人基于动态议价，结合带宽定价，提出了一种基于议价博弈的分布式频谱分配策略，根据授权用户和认知用户的收益进行建模，给出了以实现最大收益为目标的频谱分配方案，并通过实验验证了所提出的分布式频谱分配策略的有效性。Zhang[43]等人提出了一种新的分布式频谱感知聚类方案，并将其应用到认知无线电传感器网络中。该方案提出了一种基于频谱感知的分簇结构，以自组织的方式形成节能簇，并通过引入群约束聚类的思想，导出了最小化簇内距离。通过实验结果验证了所提出的分布式频谱感知聚类方案的有效性。Hawa[44]等人提出了一种分布式频谱分配策略，该策略可以在避免对授权用户产生干扰的前提下，为认知用户分配信道进行数据传输，且所达到的系统性能可以接近集中式频谱分配策略机制下的系统性能，有效提高了频谱利用率。Lunden[45]等人针对认知无线电自组网场景下信道共享问题，提出了一种基于碰撞检测和确认的分布式迭代时隙分配算法。该方案中引入发生数据碰撞时切换时隙的概率，分别研究了基于固定概率和自适应概率的方案。实验结果表明，基于碰撞检测和确认的分布式迭代时隙分配算法收敛速度快、性能优异、报告开销小。Marinho[46]等人考虑分布式认知无线网络中因缺少中央控制器，认知用户必须相互合作，交换相关信息，以协调对空闲信道的接入，定义了一种同时在控制信道和分配的数据信道上执行信令的方法，在分布式认知无线网络背景下提高了认知用户的通信性能。邱晶[47]等人假设在不影响授权用户传输的前提下，认知用户可以根据自己的传输需求进行分布式信道选择和功率分配，以寻求用户传输质量和频谱利用效率之间的平衡，所提出的分布式频谱分配策略更适用于异构认知无线网络。

总之，分布式频谱分配策略下的认知用户可以实现自适应的数据传输，通过感知频谱状态，合理制定自己的传输策略。相较于集中式频谱分配策略，其频谱分配策略更加灵活多样。

考虑集中式频谱分配策略的整体最优性及分布式频谱分配策略的灵活性，Liang[48-49]等人提出了结合这两种分配机制特点的混合集中-分布式频谱分配策略。在所提出的混合集中-分布式频谱分配策略下，设计了一种激励政策。分布式表现为系统中没有中央控制器，频谱分配由认知用户自己决定，频谱分配机制更加灵活；而集中式表现在为了激励网络用户，会在认知用户或授权用户中随机选取一个领导者，即充当中央控制器的角色。实验结果表明，所提出的集中-分布式频谱分配策略可以实现系统收益的最大化。

1.2.2 Overlay 频谱分配策略和 Underlay 频谱分配策略研究

在认知无线网络中，可以根据认知用户接入授权频谱的方式将频谱分配策略分类为 Overlay 频谱分配策略和 Underlay 频谱分配策略[50]。

1.2.2.1 Overlay 频谱分配策略

在 Overlay 频谱分配策略下，认知用户进行机会式频谱接入，认知用户的接入行为需保证不能干扰授权用户的传输。认知用户通过频谱感知调整自己的系统行为，当占用频谱的认知用户感知有授权用户到达系统时，需立即让出频谱供授权用户传输[51]。目前对 Overlay 模式下的认知无线网络频谱分配策略已有了较为深入的研究。Chen[52]等人从网络信息传输安全出发，在 Overlay 模式下的认知无线网络中，分别提出了面向速率的、面向链路的和面向公平的三种联合用户干扰器调度方案，有效提高了系统信息传输的安全性。Homayounza-deh[53]等人考虑到系统中认知用户的频谱感知结果不一定都是正确的，在 Overlay 频谱分配策略中引入非理想感知结果，通过构建排队模型，导出了认知用户的不同性能指标，通过数值实验研究了非理想感知结果对系统性能的不利影响。Wu[54]等人研究了 Overlay 模式下的多信道认知无线网络中发生频谱切换时的最优信道感知序列设计问题，提出了一种解决信道感知序列问题的动态规划方法，以实现最小的系统能量消耗。Jiang[55]等人提出了一种基于频谱拍卖的 Overlay 频谱分配机制，系统基于认知用户在频谱感知中的贡献计算其收益，认知用户的各种收益可以用来竞标未被授权用户占用的频谱资源。实验结果表明，该拍卖方法提高了数据传输效率，并在一定程度上保证了各用户之间的公平性。Masri[56]等人关注于 Overlay 频谱分配策略中的认知用户节能问题，研究了功率分割比对认知用户传输的影响，提出了一种认知用户节能机制，并通过仿真实验验证了所提出的节能机制的有效性。Zhao[57]等人面向带有 Overlay 频谱接入机制的认知无线网络，为了提高认知用户的传输质量，提出了一种基于动态信道聚合的频谱分配策略，假设聚合信道的数量与系统中用户数量密切相关，并通过系统建模与数值实验研究了认知用户的吞吐量、平均延迟等性能指标。

总之，在 Overlay 频谱分配策略下，认知用户以"见缝插针"的形式寻找空闲频谱并进行数据传输，有效提高了频谱利用率。但不能否认的是，Overlay 模式需要较高的信息交换代价，系统成本也较高。

1.2.2.2　Underlay 频谱分配策略

在 Underlay 频谱分配策略下，认知用户的传输功率要低于一定的阈值，以保证其对授权用户的传输干扰在一定的界限之下[58]。在 Underlay 模式下，认知用户可以与授权用户同时使用授权频谱，不必等待授权用户未占用的所谓频谱空洞的出现。但在 Underlay 模式下，认知用户的传输受到限制，目前已有部分学者针对 Underlay 模式下的认知无线网络展开了相关研究。Le[59] 等人考虑授权用户的干扰约束和认知用户的服务质量约束，提出了一种 Underlay 频谱分配策略，并设计了一种适应于高网络负载条件下的接入控制算法，该算法满足所有认知用户的服务质量要求，同时保持对授权用户的干扰在可容忍的范围内。通过数值实验研究了不同系统参数对系统性能的影响。Liu[60] 等人提出了一种 Underlay 频谱分配策略。其中，授权用户传输数据的基站被称为主要基站，认知用户传输数据的基站被称为次级基站。主要基站发送功率保持一个固定值，次级基站的发送功率随主要基站的功率成正比。通过系统分析导出了中断概率的表达式。

在 Underlay 模式下，认知用户的传输功率受限，所以功率控制技术是设计 Underlay 模式下的认知无线网络频谱分配策略的关键技术之一[61]。Hong[62] 等人考虑认知用户需要在干扰功率限制下访问授权用户的频谱，研究了 Underlay 频谱分配机制下的协同分集增益问题。分析表明，如果施加比例干扰功率约束，即使在认知用户发射机没有瞬时干扰信道信息时，也能获得全分集增益。Yu[63] 等人假设认知用户可以战略性地调整其传输功率水平以实现自身效用的最大化，而授权用户基站则根据认知用户的传输功率水平向其收费以提高自身收益。结合纳什均衡理论，给出了一个定价方案，并验证了其有效性。Zhao[64] 等人面向 Underlay 频谱分配策略，提出了一种基于链路增益定价的鲁棒功率控制算法。该控制算法以网络为中心运行，通过链路增益定价来保证单元间的公平性。实验结果表明，该算法对信道衰落具有较好的鲁棒性。

总之，在 Underlay 模式下，即使授权用户对于频谱的占用状态变为非活跃状态，认知用户的传输功率仍然要保持较低的状态，所以认知用户在授权用户未占用频谱时的传输效率相比于 Overlay 模式下的传输效率是明显受限的。

另外，结合 Overlay 和 Underlay 两种频谱接入模式的特点，近年来一些学者开始研究混合 Overlay/Underlay 频谱分配策略。在混合式 Overlay/Underlay 频谱分配策略中，认知用户可以根据系统状态在 Overlay 与 Underlay 模式间切换，实现更加有效的系统传输。Song[65]等人提出了一种带有切换概率的混合式 Overlay/Underlay 频谱分配策略，该策略假设认知用户在授权用户未占用频谱时以高速率传输，而到授权用户占用频谱时，认知用户以切换概率切换到 Underlay 状态以低速率进行传输。实验结果表明，该策略可以实现较高的吞吐量。Do[66]等人对认知无线网络混合式 Overlay/Underlay 频谱分配策略进行优化研究，其优化策略为寻找认知用户队列的个人最优阈值以实现认知用户收益的最大化。刘建平[67]等人对混合式 Overlay/Underlay 频谱分配策略下的认知用户行为进行了博弈分析，在不可视排队假设下研究了认知用户的个人最优和社会最优策略。

1.2.3 认知用户分级研究

目前已有的认知无线网络研究多假设系统中只含有两类用户，即授权用户与认知用户，但考虑到网络数据传输的多样性，一些文献开始进行认知无线网络中的用户分级研究[68]。考虑到授权用户在认知无线网络中的绝对优先权，多数文献将分级研究面向认知用户展开[69]。Bayrakdar[70]等人将认知用户的报文优先级分为紧急、实时和非实时三类，其中非实时数据包优先级最低，紧急数据包优先级最高。提出一种信道绑定机制以改善认知用户性能，并通过构建非抢占优先权的 M/G/1 排队模型对系统性能进行了分析，实验结果表明，认知用户的吞吐量得到了显著提高。还有一些文献在多信道频谱分配策略设计中对认知用户进行分级。Lee[71]等人将认知用户分为两级，并为高优先级认知用户设置了预留信道，减少了其发生阻塞的可能性，极大地提高了高优先级认知用户的系统性能。Tumuluru[72]等人将认知用户分为两级，并对不同级别认知用户设计了频谱切换方案，通过构建连续时间马尔可夫链进行了系统性能解析，推导出阻塞概率、强制终止概率、呼叫完成概率等性能指标。El-Toukhey[73]等人基于两类优先权假设对认知用户进行分类,提出了面向分级认知用户的信道分配策略,并研究了用户到达率和服务率对信道切换概率、认知用户丢包概率等的影响。通过数值实验把所提出的带有认知用户分级的预留信道分配策略的系统性能与传统的不含预留信道的随机信道分配策略的系统性能进行了对比,验证了所提出的信道分配策略的有效性。

总之,基于认知无线网络中不同用户传输需求的差异性为认知用户设计合理的分级机制,研究面向分级认知用户的认知无线网络性能,可以更好地适应网络服务需求的多样化,研究成果更具普适性,具有重要实用意义。

1.2.4 认知无线网络排队建模研究

在对认知无线网络的系统性能进行研究的过程中,需要根据网络用户的不同行为进行系统建模,推导出一些重要性能指标进而客观评价所提出的系统性能。排队论[74-77]作为研究随机服务系统工作过程的数学理论和方法,在认知无线网络建模分析研究中被广泛应用[78-79]。

Chu[80]等人通过构建一个 M/G/1/K 排队系统对 Underlay 认知无线网络进行研究,构造马尔可夫链,给出了多项关键性能指标的表达式,如阻塞率、平均等待时间、吞吐量等。通过数值实验验证了缓存容量、数据包到达率、传输距离等系统参数对系统性能的影响。Kaur[81]等人关注于集中式认知无线网络的系统性能研究,分别建立了一个 M/M/1 排队模型和一个 M/G/S/N 排队模型,着重对用户的接入延迟进行了研究。Kotobi[82]等人关注于认知无线网络中的用户行为,通过构建 M/D/1 排队模型,对系统用户行为进行了分析,并通过博弈分析,证明了纳什均衡的存在性,以寻求系统收益的最大化。Do[83]等人基于多信道认知无线网络,假设系统中存在一个认知用户和多个授权用户,通过构建带有抢占优先权的 M/G/1 随机排队模型,重点研究了平均等待时间等性能指标。数值实验结果表明,认知用户的分组分布取决于授权用户的数据流量特征,且认知用户的性能与延迟约束有关。

通过上述文献不难发现,大多数针对认知无线网络的随机排队建模都是在连续时间假设下展开的,考虑到通信网络的数字化特点,离散时间排队建模与分析[84]逐渐应用到认知无线网络性能分析领域。Zhao[85]等人关注于被授权用户中断传输的认知用户，提出了一种概率返回策略，假设被中断传输的认知用户以一个事先设定的返回概率返回缓存等待传输。基于所提出的概率返回策略，构建了一个带有抢占优先权的离散时间排队模型，对系统性能进行了分析，并探讨了返回概率对认知用户性能的影响。另外，Hamza[86]等人为了提高授权用户的性能，假设当授权用户的链路发生传输故障时，认知用户可以充当授权用户的中继。通过构造离散时间排队模型进行系统性能分析，验证了认知用户中继在提高授权用户和认知用户吞吐量性能方面的有效性。金顺福[87]等人面向集中式多信道认知无线网络，综合考虑数据传输质量和信道利用率，提出了一种面向授权用户的频谱聚合策略，假设授权用户可以聚合系统中的所有信道进行数据传输，以保证授权用户的传输质量。通过构建带有多服务台的离散时间排队模型并进行系统性能分析与优化，给出了信道利用率、认知用户的平均延迟等系统性能指标表达式，并通过构造成本函数，对信道聚合容量进行了优化设计研究。

另外，博弈论[88-89]在认知无线网络的性能分析与优化设计中被广泛应用。而基于博弈的排队经济学理论作为一个快速发展的研究方向[90]也逐步进入认知无线网络的研究中来。王金亭对排队博弈论进行了全面的介绍，对可见排队系统、有优先权的排队系统、可修排队系统、休假排队系统、重试排队系统等进行了博弈均衡分析研究，并给出了排队博弈在认知无线电中的应用[91]。相信在未来的认知无线网络相关研究中，排队博弈论将在授权用户和认知用户的行为优化分析方面起到重要的作用。

1.2.5　研究现状分析

目前，经过多年的发展，有关认知无线网络的研究成果较为丰富，在认知无线网络频谱分配策略设计、系统模型解析、策略性能分析等方面已经取得了许多较为重要的研究成果，但值得注意的是，目前认知无线网络的相关研究仍面临着一些不可回避的问题。

认知无线网络中的各种频谱分配策略的分类结果并不能孤立来看，也就是说在进行频谱分配策略设计过程中可以结合不同分类方式，如结合 Overlay 和集中式模式，设计 Overlay 模式下的集中式频谱分配策略。另外传统认知无线网络研究大多是在单一级别认知用户的背景下展开的，然而随着网络技术的飞速发展，网络服务需求更加繁复，基于网络用户需求的多样性，有必要在认知无线网络相关设计研究中引入用户间的多级分类，特别是研究认知用户的分级机制。但目前对含有分级认知用户的认知无线网络研究相对较少，还有很大的发展空间。所以，在进行认知无线网络研究中考虑数据的多样性，将认知用户进一步分级，设计合理的面向分级认知用户的认知无线网络频谱分配策略并展开相关研究，是认知无线网络的一个重要的研究发展方向。

为了简化系统模型的解析过程，认知无线网络的相关排队建模大多是在连续时间假设下展开的。然而离散时间排队模型显然更适合数字化通信过程的相关设计分析[92]。另外，目前已有的认知无线网络排队建模中，大多将授权用户和认知用户抽象为两类顾客，但是随着认知用户间分级机制的引入，已有的含有两类顾客的优先权排队模型将很难应用于含有分级认知用户的认知无线网络的研究。因此，克服离散时间随机排队建模的复杂性，考虑认知用户的分级关系，将带有多类顾客多优先级的随机排队引入认知无线网络建模分析中来，以适应更加复杂的网络运行环境，是认知无线网络建模理论研究的一个重要发展方向。

目前认知无线网络的相关研究多面向系统相关性能的评估，而对于认知无线网络中的重要运行参数的优化设计及网络用户的系统行为优化分析也应该是认知无线网络研究中一个较为重要的方向。因此，基于目前已有的相关优化方法，探索新型的面向认知无线网络重要参数的优化方法，给出关键策略参数的优化设置方案，改进所提出的频谱分配策略，是目前认知无线网络优化研究需要重点思考的问题。另外，考虑认知用户的多样性及认知用户可获得的不同信息，研究不同级别认知用户的均衡行为，以更好地优化认知无线网络的系统性能，是认知无线网络优化研究的另一个重要方向。

总之，从认知无线网络的研究现状及其发展趋势来看，认知无线网络的研究一直十分活跃，而本书中含有分级认知用户的认知无线网络研究更是当前认知无线网络研究的前沿热点问题，具有重要的研究意义。著者近年来一直从事含有分级认知用户的认知无线网络频谱分配策略的性能评估与优化设计研究，并取得了相关的研究成果[93-98]。本书正是著者对这些研究成果的归纳与总结，同时本书还对该领域进一步的研究方向进行了一定的展望。本书内容将为进一步研究含有分级认知用户的频谱分配策略提供广泛的研究思路，并为充实认知无线网络相关建模理论与优化方法奠定理论基础。

1.3 本书主要研究内容

本书拟对含有分级认知用户的认知无线网络展开系统研究，分别从基于分级认知用户的自适应控制机制设计、离散时间随机排队模型建模与解析、相关策略参数优化设置方案设计等几个方面展开论述。本书的主要研究内容如下。

在集中式认知无线网络的架构下，考虑系统中网络用户的多样性传输需求，在保证授权用户的绝对频谱使用权的前提下，对认知用户进行分级设计，将认知用户分为优先权较高的高级认知用户和优先权较低的次级认知用户。面向含有分级认知用户的认知无线网络中特有的授权用户与认知用户的主从式关系及高级认知用户与次级认知用户之间的分级关系，对分级认知用户进行自适应控制研究，提出不同的频谱分配策略。面向不同的频谱环境，考虑不同级别用户的差异性需求，通过引入分级接入阈值、接入调节因子等动态控制次级认知用户的无序接入；通过引入中断掉包、高级认知用户非抢占、高级认知用户概率抢占机制提高次级认知用户的传输性能；将非理想频谱感知结果引入含有分级认知用户的频谱分配策略研究中，探索漏检概率与虚警概率对次级认知用户的不同性能指标的影响，更加客观地分析系统性能。

基于所提出的不同的面向分级认知用户的自适应控制机制的运行方式，结合认知无线网络中授权用户针对认知用户具有抢占优先权、高级别认知用户针对低级别认知用户对频谱具有相对优先权的特点，并顺应通信网络的数字化特点，建立对应的带有多类顾客多优先级的离散时间随机排队模型并进行模型解析，导出以不同级别网络用户的阻塞率、吞吐量、平均延迟等为代表的性能指标表达式，构造含有分级认知用户的认知无线网络的性能指标评价体系。

通过数值实验刻画不同性能指标的变化趋势，评估频谱分配策略的关键参数，如接入阈值、接入调节因子、抢占概率对不同系统性能指标的影响，验证所提出的含有分级认知用户的频谱分配策略的有效性。结合数值实验评估结果，对频谱分配策略关键参数进行优化设置。在不同的自适应控制机制下，以不同性能指标之间的折中关系为出发点，针对频谱分配策略中的关键策略参数，构造目标优化函数，并探索相关策略参数的优化设置方案。基于所提出的自适应控制机制对不同级别认知用户的影响，结合博弈论理论，研究次级认知用户的最优接入行为及收费方案，进一步改进所提出的频谱分配策略。

1.4　本书结构

本书共分为七章，内容包括：

第 1 章为绪论，主要介绍本书的研究背景和意义，从几个方面对认知无线网络的研究现状进行了描述，对相关研究发展趋势进行了分析，给出本书的主要研究内容和结构。

第 2 章提出基于分级认知用户接入阈值的频谱分配策略，通过引入接入阈值对分级认知用户进行接入控制。建立并解析一个带有多类顾客有限等待空间的离散时间抢占优先权排队模型，通过数值实验刻画接入阈值对系统性能的影响，并给出了接入阈值的优化设计方案。

第 3 章提出基于分级认知用户中断掉包的频谱分配策略，假设被中断传输的各级别认知用户会直接离开系统，发生掉包。建立并解析一个带有多类顾客中断离开的离散时间抢占优先权排队模型，通过数值实验刻画次级认知用户缓存容量对系统性能的影响，并对次级认知用户的系统接入行为进行了博弈优化。

第 4 章提出基于分级认知用户可调节接入控制的频谱分配策略，引入调节因子动态控制次级认知用户数据包的系统接入行为。建立并解析一个带有多类顾客可调输入率的离散时间抢占优先权排队模型，通过数值实验刻画接入调节因子对系统性能的影响，并给出了调节因子的优化设计方案。

第 5 章提出基于高级认知用户非抢占的频谱分配策略，假设高级认知用户不会中断次级认知用户的数据传输。建立并解析一个带有多类顾客无限等待空间的离散时间非抢占优先权排队模型，对所提出的高级认知用户非抢占机制下的系统性能进行了分析，并与传统抢占机制进行了对比，同时对抢占和非抢占机制下的认知用户最优接入行为进行了对比分析。

第 6 章提出基于高级认知用户概率抢占的频谱分配策略，假设高级认知用户会以一个抢占概率中断次级认知用户数据包的传输。建立并解析一个带有多类顾客有限等待空间的离散时间概率抢占优先权排队模型，通过数值实验刻画抢占概率对系统性能的影响，并对抢占概率进行优化设计。

第 7 章提出基于分级认知用户非理想感知的频谱分配策略，通过将非理想感知结果引入带有多类顾客无限等待空间的离散时间随机排队建模与解析中，刻画认知用户感知过程中的漏检概率和虚警概率对系统性能的影响。

最后，在结论部分总结了本书的贡献，并对含有分级认知用户的认知无线网络的未来研究方向进行了展望。

第 2 章　基于分级认知用户接入阈值的频谱分配策略

2.1　引言

在传统的认知无线网络中，授权用户与认知用户两类用户共享系统中的频谱资源，认知用户以机会式的接入方式寻找"频谱空洞"，即没有被授权用户占用的频谱段，实现频谱"二次利用"，进而提高频谱利用率。

但考虑到现有技术的局限性，认知用户的大量接入虽然有利于改善频谱利用率，但不可避免地会对授权用户的传输造成干扰，降低了授权用户的服务质量，侵害了授权用户的利益。为此，对认知用户引入合理的接入控制机制是认知无线网络必不可少的一个研究方向。目前，一些文献已经针对认知用户接入控制展开了研究[99-100]，这些文献均是在含有授权用户与认知用户两类用户的认知无线网络背景下展开。然而，在实际的网络环境中，随着网络技术的不断发展，业务需求种类不断增加，考虑到当今数据传输的多样化需求，在认知用户接入控制机制研究中，有必要考虑不同类型的认知用户，即将认知用户分级机制引入带有接入控制的认知无线网络频谱分配策略设计中。

从另一方面来看，在大多数基于认知用户接入控制研究的文献中多是采用连续时间随机模型，且连续时间随机模型在系统建模和模型解析方面相对简单。但是，考虑到当今网络传输的数字化特性，离散时间随机模型显然更加适合无线网络背景下系统性能的分析。当引入分级认知用户之后，随着用户种类的增加，系统建模与解析的复杂性随之上升。所以，有必要克服离散时间随机模型建模与解析的复杂性，在模型建立与解析过程中考虑不同级别用户之间的相互影响与作用，准确写出系统转移概率矩阵并进行模型的稳态解析。

在本章中,首先引入认知用户分级机制,将认知用户分为两级,即高优先级认知用户(高级认知用户)和低优先级认知用户(次级认知用户),并对次级认知用户引入接入阈值,假设当次级认知用户缓存中数据包个数达到接入阈值后,一个新到达系统的次级认知用户将被系统阻塞。通过建立一个带有多类顾客有限等待空间的离散时间抢占优先权排队模型并进行模型解析,分别导出了高级认知用户和次级认知用户的一系列性能指标。通过数值实验探究了接入阈值对系统性能的影响,并对次级认知用户接入阈值进行了优化设计研究。

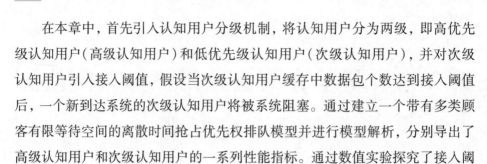

2.2 基于分级认知用户接入阈值的频谱分配策略描述

考虑认知无线网络中的单个授权频谱,且该频谱内只有单一传输信道,将认知用户分为两类,分别是高级认知用户(SU1)和次级认知用户(SU2),即系统内含有三类用户,分别为授权用户、高级认知用户和次级认知用户。授权用户具有最高的优先权,可以中断信道上高级认知用户和次级认知用户的数据传输并抢占信道。高级认知用户具有高于次级认知用户的优先权,高级认知用户可以中断信道上次级认知用户的数据传输并抢占信道。综上可知,授权用户拥有最高的优先权,次级认知用户的优先权最低。考虑到授权用户和高级认知用户的优先权,为了减少授权用户数据包和高级认知用户数据包的延迟,本系统不为这两类用户分配缓存。考虑到次级认知用户的优先权最低,为了减少大量次级认知用户的传输损失,为其设置系统缓存来存储数据包。

当授权用户数据包到达系统时,如果信道中有其他授权用户数据包正在传输,这个新到达的授权用户数据包将离开系统寻找其他可接入的信道。如果信道正在被一个高级认知用户数据包或一个次级认知用户数据包使用,正在进行的数据包传输将会被强制中断,新到达的授权用户数据包抢占信道进行传输。如果被中断传输的数据包是高级认知用户数据包,则该高级认知用户数据包将被系统丢弃。如果被中断传输的数据包是次级认知用户数据包,该数据包将被系统回收到次级认知用户缓存之中等待继续传输。

当高级认知用户数据包到达系统时,如果信道中有授权用户数据包或其他高级认知用户数据包正在传输，这个新到达的高级认知用户数据包将会离开系统寻找其他可传输数据包的信道。如果正在占用信道传输数据包的是次级认知用户，这个高级认知用户会中断占用信道的次级认知用户数据包的传输并抢占信道，被中断传输的次级认知用户数据包回到缓存等待继续接入信道。

为了减少次级认知用户的数据损失，为次级认知用户数据包设置缓存，并针对该缓存引入接入阈值以控制大量次级认知用户数据包的无序接入。当有次级认知用户数据包到达系统时，如果缓存中的次级认知用户数据包的数量达到接入阈值，新到达的次级认知用户数据包将会被系统阻塞。接入阈值同样也可以控制被中断传输的次级认知用户数据包的重传行为，也就是说，当次级认知用户数据包被中断传输之后，如果缓存中的数据包数量少于接入阈值，被中断传输的次级认知用户数据包可以回到缓存等待接入信道重新传输。如果缓存中的数据包数量达到接入阈值，被中断传输的次级认知用户将离开系统。

特别地，考虑到被中断传输的次级认知用户数据包相比新到达的次级认知用户数据包更加需要获得传输机会，本系统假设被中断传输的次级认知用户数据包的优先权大于新到达的次级认知用户数据包。举例来说，在系统中有一个新的次级认知用户数据包到达的同时，系统中一个正在传输的次级认知用户数据包被新到达的授权用户数据包或高级认知用户数据包中断传输。如果这时次级认知用户缓存中数据包数量刚好比接入阈值小 1，即次级认知用户的缓存只能新接纳一个次级认知用户数据包，则被中断传输的次级认知用户数据包将获得机会重新接入缓存之中，并排在缓存队首等待传输机会，而新到达的次级认知用户数据包将被阻塞。

2.3　带有接入阈值控制的系统模型

将三类网络用户数据包抽象为排队模型中的多类顾客，将带有接入阈值的次级认知用户缓存抽象为有限等待空间，基于带有接入阈值的接入控制机制，本章建立了一个带有多类顾客有限等待空间的离散时间抢占优先权排队模型。

将时间轴分成长度间隔相等的时隙。认知用户和授权用户均以时隙为单位传输数据包，时间轴中时隙边界按 $t=1, 2, \cdots$ 排序。授权用户数据包、高级认知用户数据包和次级认知用户数据包到达的时间间隔分别服从到达率为 p_1，p_{21} 和 p_{22} 的几何分布。授权用户数据包、高级认知用户数据包和次级认知用户数据包的服务时间分别服从服务率为 r_1，r_{21} 和 r_{22} 的几何分布。将次级认知用户的接入阈值设为 $T(T > 0)$。

令 L_n 表示 $t=n^+$ 时刻系统中授权用户和两类认知用户数据包的总数，令 S_n 表示在时刻 $t=n^+$ 系统中高级认知用户数据包的数量，令 P_n 表示在时刻 $t=n^+$ 系统中授权用户数据包的数量，则 $\{L_n, S_n, P_n\}$ 可以构成一个三维离散时间马尔可夫链。引入接入阈值 T 后，可以得出该三维马尔可夫链的状态空间 Ω 的表达式：

$$\Omega = (0, 0, 0) \cup \{(i, 0, 0) \cup (i, 1, 0) \cup (i, 0, 1) : 1 \leqslant i \leqslant T + 1\}$$

$$(2-1)$$

接下来进行系统模型分析。本部分系统模型分析主要可以概括为以下五个步骤：

第一步，基于马尔可夫链的状态转移构造具有块状结构的转移概率矩阵；

第二步，给出转移概率矩阵中的每个非零子块的具体形式；

第三步，判断转移概率矩阵的结构；

第四步，确定稳态分布的形式；

第五步，导出稳态分布的结果。

下面给出带有接入阈值控制的系统模型的具体解析过程。

定义 $\boldsymbol{P}$ 为三维马尔可夫链 $\{L_n, S_n, P_n\}$ 的状态转移概率矩阵，$\boldsymbol{P}$ 是一个 $(T+2) \times (T+2)$ 的具有块状结构的矩阵，如式 (2-2) 所列：

$$P = \begin{pmatrix} U_0 & V_0 & W_0 & & & & & \\ D_0 & C & B & A & & & & \\ & D & C & B & A & & & \\ & \ddots & \ddots & \ddots & \ddots & & \\ & & & D & C & B & A \\ & & & & D & C & E \\ & & & & & D & F \end{pmatrix} \quad (2\text{-}2)$$

P 中的各非零子块如下。（其中 $\lambda = \bar{p}_{22}\bar{r}_{22} + p_{22}r_{22}$，$\xi = \bar{r}_{21} + p_{21}r_{21}$）

（1）U_0 表示系统中数据包总数固定为 0 的一步转移概率矩阵，即没有任何数据包到达系统的概率，U_0 如式（2-3）所列：

$$U_0 = \bar{p}_1\bar{p}_{21}\bar{p}_{22} \quad (2\text{-}3)$$

（2）V_0 表示系统中数据包的总数由 0 增加到 1 的一步转移概率矩阵，V_0 如式（2-4）所列：

$$V_0 = (\bar{p}_1\bar{p}_{21}p_{22}, \ \bar{p}_1p_{21}\bar{p}_{22}, \ p_1\bar{p}_{22}) \quad (2\text{-}4)$$

（3）W_0 表示系统中数据包的总数由 0 增加到 2 的一步转移概率矩阵，W_0 如式（2-5）所列：

$$W_0 = (0, \ \bar{p}_1p_{21}p_{22}, \ p_1p_{22}) \quad (2\text{-}5)$$

（4）D_0 表示系统中数据包的总数由 1 减少到 0 的一步转移概率矩阵，D_0 如式（2-6）所列：

$$D_0 = (\bar{p}_1\bar{p}_{21}\bar{p}_{22}r_{22}, \ \bar{p}_1\bar{p}_{21}\bar{p}_{22}r_{21}, \ \bar{p}_1\bar{p}_{21}\bar{p}_{22}r_1)^T \quad (2\text{-}6)$$

(5)D 表示系统中数据包的总数由 u 减少到 $u-1$ 的一步转移概率矩阵，u 的取值范围是 $2\leqslant u\leqslant T+1$，$D$ 如式(2-7)所列：

$$D=\begin{pmatrix} \bar{p}_1\bar{p}_{21}\bar{p}_{22}r_{22} & 0 & 0 \\ \bar{p}_1\bar{p}_{21}\bar{p}_{22}r_{21} & 0 & 0 \\ \bar{p}_1\bar{p}_{21}\bar{p}_{22}r_1 & 0 & 0 \end{pmatrix} \tag{2-7}$$

(6)C 表示系统中数据包的总数保持为 u 不变的一步转移概率矩阵，u 的取值范围是 $1\leqslant u\leqslant T$，C 如式(2-8)所列：

$$C=\begin{pmatrix} \bar{p}_1\bar{p}_{21}\lambda & \bar{p}_1\bar{p}_{21}\bar{p}_{22}r_{22} & p_1\bar{p}_{22}r_{22} \\ \bar{p}_1\bar{p}_{21}p_{22}r_{21} & \bar{p}_1\bar{p}_{22}\xi & \bar{p}_{22}p_1 \\ \bar{p}_1\bar{p}_{21}p_{22}r_1 & \bar{p}_1\bar{p}_{21}\bar{p}_{22}r_1 & \bar{p}_{22}(\bar{r}_1+r_1p_1) \end{pmatrix} \tag{2-8}$$

(7)B 表示系统中数据包的总数由 u 增加到 $u+1$ 的一步转移概率矩阵，u 的取值范围是 $1\leqslant u\leqslant T-1$，$B$ 如式(2-9)所列：

$$B=\begin{pmatrix} \bar{p}_1\bar{p}_{21}p_{22}\bar{r}_{22} & \bar{p}_1p_{21}\lambda & p_1\lambda \\ 0 & \bar{p}_1p_{22}\xi & p_{22}p_1 \\ 0 & \bar{p}_1\bar{p}_{21}p_{22}r_1 & p_{22}(\bar{r}_1+r_1p_1) \end{pmatrix} \tag{2-9}$$

(8)A 表示系统中数据包的总数由 u 增加到 $u+2$ 的一步转移概率矩阵，u 的取值范围是 $1\leqslant u\leqslant T-1$，$A$ 如式(2-10)所列：

$$A=\begin{pmatrix} 0 & \bar{p}_1p_{21}p_{22}\bar{r}_{22} & p_1p_{22}\bar{r}_{22} \\ 0 & 0 & 0 \\ 0 & 0 & 0 \end{pmatrix} \tag{2-10}$$

（9）E 表示系统中数据包的总数由 T 增加到 $T + 1$ 的一步转移概率矩阵，E 如式（2-11）所列：

$$E = \begin{pmatrix} \bar{p}_1 \bar{p}_{21} p_{22} \bar{r}_{22} & \bar{p}_1 p_{21}(1 - \bar{p}_{22} r_{22}) & p_1(1 - \bar{p}_{22} r_{22}) \\ 0 & \bar{p}_1 p_{22} \xi & p_{22} p_1 \\ 0 & \bar{p}_1 p_{21} p_{22} r_1 & p_{22}(\bar{r}_1 + r_1 p_1) \end{pmatrix} \quad (2\text{-}11)$$

（10）F 表示系统中数据包的总数保持 $T + 1$ 不变的一步转移概率矩阵，F 如式（2-12）所列：

$$F = \begin{pmatrix} \bar{p}_1 \bar{p}_{21}(1 - \bar{p}_{22} r_{22}) & \bar{p}_1 p_{21} & p_1 \\ \bar{p}_1 \bar{p}_{21} p_{22} r_{21} & \bar{p}_1 \xi & p_1 \\ \bar{p}_1 \bar{p}_{21} p_{22} r_1 & \bar{p}_1 p_{21} r_1 & \bar{r}_1 + r_1 p_1 \end{pmatrix} \quad (2\text{-}12)$$

转移概率矩阵 P 的结构表明三维马尔可夫链 $\{L_n,\ S_n,\ P_n\}$ 是不可约、非周期、正常返的。定义为

$$\pi_{i,j,k} = \lim_{n \to \infty} P\{L_n = i,\ S_n = j,\ P_n = k\} \quad (2\text{-}13)$$

令

$$\Pi = (\pi_{0,0,0},\ \pi_{1,0,0},\ \pi_{1,1,0},\ \pi_{1,0,1},\ \cdots,\ \pi_{T+1,0,0},\ \pi_{T+1,1,0},\ \pi_{T+1,0,1})$$

$$(2\text{-}14)$$

表示系统的稳态概率向量，由平衡方程和正规化条件可得

$$\begin{cases} \Pi P = \Pi \\ \Pi e = 1 \end{cases} \quad (2\text{-}15)$$

其中，e 为全 1 列向量。使用高斯-赛德尔迭代算法对式(2-15)进行求解，可以计算出稳态概率向量 $\boldsymbol{\Pi}$ 的数值结果。

2.4　基于分级认知用户接入阈值的频谱分配策略的性能指标

2.4.1　高级认知用户性能指标

高级认知用户的平均队长 $E[\mathrm{SU1}]$ 定义为在单位时隙内系统中的高级认知用户数据包的平均数量。高级认知用户的平均队长 $E[\mathrm{SU1}]$ 表达式为

$$E[\mathrm{SU1}] = \sum_{i=1}^{T+1} \pi_{i,1,0} \qquad (2-16)$$

高级认知用户的阻塞率 β_{21} 定义为在单位时隙内被系统阻塞的高级认知用户数据包的平均数量。一个新到达的高级认知用户数据包会因信道被授权用户数据包或其他高级认知用户数据包占用而无法接入系统，发生数据包的阻塞情况。因此，高级认知用户的阻塞率 β_{21} 表达式为

$$\beta_{21} = p_{21}\left(\sum_{i=1}^{T+1}\left(\pi_{i,1,0}(\bar{r}_{21} + r_{21}p_1) + \pi_{i,0,1}(\bar{r}_1 + r_1p_1) \right) + \sum_{i=0}^{T+1} \pi_{i,0,0}p_1 \right)$$

$$(2-17)$$

高级认知用户的中断丢失率 γ_{21} 定义为在单位时隙内被授权用户数据包中断的高级认知用户数据包的平均数量。如果信道上正在传输的是一个高级认知用户数据包，此时到达一个新的授权用户数据包，考虑到授权用户数据包的绝对优先权，正在传输的高级认知用户数据包的传输将被中断，且该被中断传输的高级认知用户数据包只能直接离开系统。因此，高级认知用户的中断丢失率

γ_{21} 表达式为

$$\gamma_{21} = \sum_{i=1}^{T+1} \pi_{i,1,0} \bar{r}_{21} p_1 \qquad (2-18)$$

高级认知用户的吞吐量 θ_{21} 定义为在单位时隙内成功传输的高级认知用户数据包的平均数量。一个高级认知用户数据包成功传输的条件是既不能发生数据包阻塞，也不能发生数据包传输中断。因此，高级认知用户的吞吐量 θ_{21} 的表达式为

$$\theta_{21} = p_{21} - \beta_{21} - \gamma_{21} \qquad (2-19)$$

2.4.2　次级认知用户性能指标

次级认知用户的平均队长 $E[\mathrm{SU2}]$ 定义为在单位时隙内系统中次级认知用户数据包的平均数量。次级认知用户的平均队长 $E[\mathrm{SU2}]$ 表达式为

$$E[\mathrm{SU2}] = \sum_{i=0}^{T+1} i\pi_{i,0,0} + \sum_{i=1}^{T+1} (i-1)(\pi_{i,1,0} + \pi_{i,0,1}) \qquad (2-20)$$

次级认知用户的阻塞率 β_{22} 定义为在单位时隙内被系统阻塞的次级认知用户数据包的平均数量。一个新到达的次级认知用户数据包会因信道被其他数据包占用，且缓存中数据包数量已达到接入阈值而发生阻塞。因此，次级认知用户的阻塞率 β_{22} 表达式为

$$
\begin{aligned}
\beta_{22} = p_{22} &\left(\pi_{T+1,0,0}(1 - r_{22}\bar{p}_1\bar{p}_{21}) + \pi_{T+1,1,0}(1 - r_{21}\bar{p}_1\bar{p}_{21}) \right) + \\
& p_{22}\left(\pi_{T+1,0,1}(1 - r_1\bar{p}_1\bar{p}_{21}) + \pi_{T,0,0}\bar{r}_{22}(1 - \bar{p}_1\bar{p}_{21}) \right)
\end{aligned} \qquad (2-21)
$$

次级认知用户的中断丢失率 γ_{22} 定义为在单位时隙内被授权用户或高级认知用户数据包中断传输返回缓存时，由于缓存中次级认知用户数据包的数量到达了系统为其设置的接入阈值，而被迫离开系统的次级认知用户数据包的平均数量。次级认知用户的中断丢失率 γ_{22} 表达式为

$$\gamma_{22} = \pi_{T+1,\,0,\,0}\bar{r}_{22}(1 - \bar{p}_1\bar{p}_{21}) \qquad (2-22)$$

次级认知用户的吞吐量 θ_{22} 定义为在单位时隙内成功传输的次级认知用户数据包的总数。一个次级认知用户数据包只有在未发生阻塞且未发生中断丢失的情况下才能成功传输。因此，次级认知用户的吞吐量 θ_{22} 表达式为

$$\theta_{22} = p_{22} - \beta_{22} - \gamma_{22} \qquad (2-23)$$

次级认知用户的平均延迟 δ_{22} 定义为次级认知用户数据包从接入系统开始到数据包离开系统（包括传输成功后离开或因传输中断不能返回缓存而离开）的平均时间。参考 Little 公式[84]可得次级认知用户数据包的平均延迟 δ_{22} 表达式为

$$\delta_{22} = \frac{E[SU2]}{p_{22} - \beta_{22}} \qquad (2-24)$$

2.5 基于分级认知用户接入阈值的频谱分配策略的实验分析

2.5.1 高级认知用户的性能分析

由系统模型分析及高级认知用户性能指标表达式可知，高级认知用户在系

统中的传输性能主要受到授权用户的影响。图 2-1 ~图 2-3 展示了在不同的授权用户数据包和高级认知用户数据包的到达率与服务率设置下，高级认知用户的阻塞率 β_{21}、平均队长 $E[\mathrm{SU1}]$ 和吞吐量 θ_{21} 的变化规律。

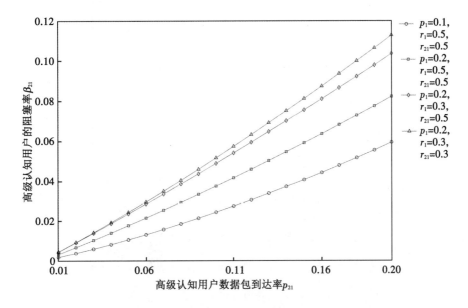

图 2-1　高级认知用户阻塞率的变化趋势

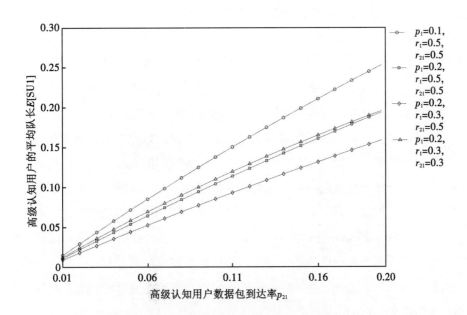

图 2-2　高级认知用户平均队长的变化趋势

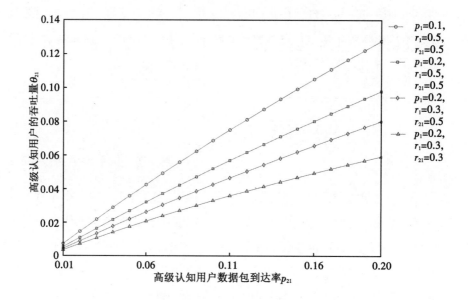

图 2-3　高级认知用户吞吐量的变化趋势

从图 2-1～图 2-3 可以看出，随着高级认知用户数据包到达率的增加，高级认知用户的阻塞率、平均队长和吞吐量均呈现上升趋势。这是因为高级认知用户数据包的到达率越高，单位时隙内接入系统的高级认知用户数据包的数量就会越多，从而导致系统中高级认知用户的平均队长更高。单位时隙内新到达系统的高级认知用户数据包的数量越多，新到达的高级认知用户数据包被系统阻塞的可能性也会相应增加，高级认知用户的阻塞率也就会越高。此外，单位时隙内接入系统的高级认知用户数据包的数量越多，系统中完成传输的高级认知用户数据包就会越多，高级认知用户的吞吐量就会越大。

观察图 2-1～图 2-3 还能够发现，随着授权用户数据包的到达率增加，高级认知用户的阻塞率增大，而高级认知用户的平均队长和吞吐量均呈现下降趋势。这是因为随着授权用户数据包到达率的增加，信道被授权用户数据包占用的可能性也会增加，大量高级认知用户数据包因不能接入信道而直接离开系统，在系统中逗留的高级认知用户数据包减少，高级认知用户的平均队长也随之降低。接入系统并完成传输的高级认知用户数据包的数量减少，高级认知用户的吞吐量降低。此外，更多的高级认知用户数据包将被系统阻塞，高级认知用户的阻塞率将增加。

图 2-1~图 2-3 也显示出，随着授权用户数据包服务率的增加，高级认知用户的平均队长和吞吐量将增加、阻塞率将降低。这是因为授权用户数据包的服务率越高，高级认知用户数据包占用信道的可能性越大，这将增加高级认知用户的平均队长和吞吐量。同时，高级认知用户的阻塞率将会更低。

最后，图 2-1~图 2-3 还显示出，随着高级认知用户数据包服务率的增加，高级认知用户的阻塞率和平均队长将减小、吞吐量将增加。这是因为，随着高级认知用户数据包服务率的增加，信道上的高级认知用户数据包将被更快地传输，那么高级认知用户的吞吐量将更大。此外，随着高级认知用户数据包服务速率的提高，系统中逗留的高级认知用户数据包的平均数量就会降低，则高级认知用户的平均队长和阻塞率也就会降低。

2.5.2　次级认知用户的性能分析

根据系统模型分析和次级认知用户性能指标表达式可知，次级认知用户在系统中的传输性能会同时受到授权用户和高级认知用户的影响，也会受到接入阈值的影响。图 2-4~图 2-7 呈现了在不同参数下的次级认知用户的阻塞率 β_{22}、吞吐量 θ_{22} 和平均延迟 δ_{22} 随接入阈值 T 的变化趋势。不失一般性，在以下数值实验中，将各类用户数据包的服务率 r_1，r_{21}，r_{22} 设为 0.5。

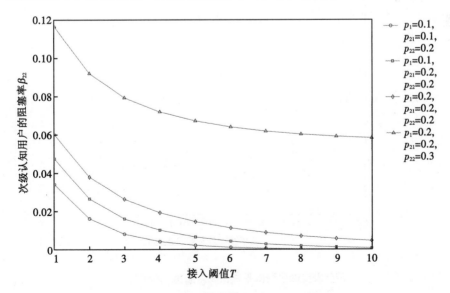

图 2-4　次级认知用户阻塞率的变化趋势

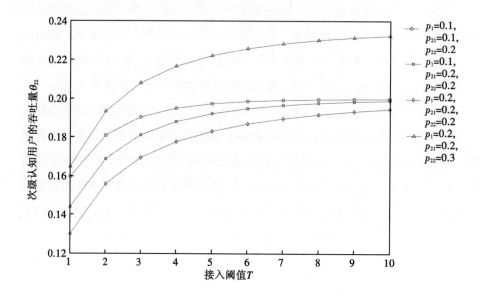

图 2-5　次级认知用户吞吐量的变化趋势

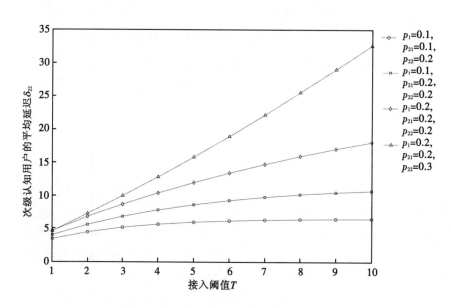

图 2-6　次级认知用户平均延迟的变化趋势

　　观察图 2-4~图 2-6 可以发现，随着接入阈值 T 的增加，次级认知用户的阻塞率将降低、吞吐量和平均延迟将增加。这是因为随着接入阈值的增大，更多次级认知用户数据包被允许接入系统，在缓存中等待传输的次级认知用户数据包的数目就越多。因此，次级认知用户的平均延迟将更高。随着接入阈值的增加，被系统阻塞的次级认知用户数据包的数量将减少，从而次级认知用户的阻塞率将降低。此外，接入系统的次级认知用户数据包越多，被系统成功传输的次级认知用户数据包的数量也就越多，次级认知用户的吞吐量也就越大。

图 2-4~图 2-6 还显示出，随着授权用户数据包到达率或高级认知用户数据包到达率的增加，次级认知用户的阻塞率和平均延迟将增加、吞吐量将降低。原因在于，随着授权用户数据包到达率或高级认知用户数据包到达率增加，信道被授权用户数据包或高级认知用户数据包占用的可能性增加，这样信道被次级认知用户数据包占用的可能性将降低。那么，在次级认知用户缓存中等待传输的次级认知用户数据包数量将增加，这将导致次级认知用户平均延迟增加。另外，随着缓存中次级认知用户数据包数量的增加，缓存中数据包的数量更加容易达到接入阈值，这时大量的新到达的次级认知用户数据包将被系统阻塞，这将造成次级认知用户阻塞率的上升。另外，占用信道的次级认知用户数据包数量越少，完成传输的次级认知用户数据包数量就越少，于是次级认知用户的吞吐量将更低。

最后，观察图 2-4~图 2-6 还能够发现，随着次级认知用户数据包的到达率增加，次级认知用户的阻塞率、吞吐量和平均延迟也将增加。原因是，随着次级认知用户数据包到达率的增加，需要接入系统的次级认知用户数据包数量将增加，这样次级认知用户缓存中的数据包数量更容易达到接入阈值，这样新到达的次级认知用户数据包被系统阻塞的可能性也就越大。此外，接入系统的次级认知用户数据包越多，在次级认知用户缓存中等待传输的次级认知用户数据包也就越多，也会有更多的次级认知用户数据包能够被成功传输。因此，次级认知用户的阻塞率、吞吐量和平均延迟均会增大。

2.6　针对次级认知用户接入阈值的优化设置方案

本节内容针对次级认知用户数据包的接入阈值展开优化设计研究。从数值实验结果分析可知，随着接入阈值的增加，次级认知用户的吞吐量也会增加，这是系统所需要的结果。然而，随着接入阈值的增大，次级认知用户的平均延迟也会增大，这是对系统的负面结果。为了平衡次级认知用户的吞吐量和平均延迟，本节建立了以次级认知用户数据包的接入阈值为自变量的收益函数，如式 (2-25) 所列：

$$F(T) = b\theta_{22} - c\delta_{22} \qquad (2\text{-}25)$$

式中，b 和 c 是收益函数的影响因子。

从式 (2-25) 中，可得出最优接入阈值 T^* 的表达式：

$$T^* = \arg\max_T \{F(T)\} \qquad (2\text{-}26)$$

为了寻找最优的接入阈值，参考数值实验部分的实验参数设置，以 $b=300$ 和 $c=2$ 为例，图 2-7 描述了收益函数随着接入阈值的变化趋势。

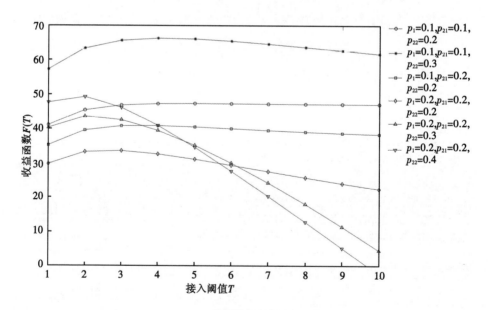

图 2-7 收益函数的变化趋势

从图 2-7 中可以看出，随着接入阈值的增加，收益函数曲线呈现上凸的变化趋势。这是因为当接入阈值较小时,接入阈值是控制次级认知用户数据包接入行为的主要因素。随着接入阈值的提高,次级认知用户的吞吐量会迅速增加,从而使得收益函数呈现上升趋势。然而,随着接入阈值的不断增加,次级认知用户的平均延迟也会迅速增加,这就导致收益函数呈现下降趋势。因此,从图 2-7 中可以发现存在一个最优的接入阈值使收益达到最大化。

根据图 2-7 中的数值结果与分析,表 2-1 中总结出不同的参数设置下最优接入阈值 T^* 和最优收益值 $F(T^*)$ 的数值结果。

表 2-1　最优接入阈值与最优收益的数值结果

授权用户数据包的到达率 p_1	高级认知用户数据包的到达率 p_{21}	次级认知用户数据包的到达率 p_{22}	最优接入阈值 T^*	最优收益值 $F(T^*)$
0.1	0.1	0.2	5	47.3504
0.1	0.1	0.3	4	66.3590
0.1	0.2	0.2	4	40.8567
0.2	0.2	0.2	3	33.5409
0.2	0.2	0.3	2	43.5728
0.2	0.2	0.4	2	49.2551

从表 2-1 中可以看出,随着授权用户数据包或高级认知用户数据包到达率的增加,最优接入阈值呈现下降趋势。这是由于授权用户数据包或高级认知用户数据包到达率增加的同时,次级认知用户数据包占用信道的概率就会相应地减小,更多的次级认知用户数据包只能在系统缓存中处于等待状态,这将导致次级认知用户平均延迟的增加。为了控制次级认知用户平均延迟的增加,只能相应降低接入阈值。

从表 2-1 中还可以发现,随着次级认知用户数据包到达率的增加,最优接入阈值呈现降低趋势。导致这种变化趋势的原因是,随着次级认知用户数据包到达率的增长,将有更多的次级认知用户数据包接入系统,系统为了降低次级认知用户的平均延迟,必须合理降低接入阈值。此外,从表 2-1 中也可以发现,当 $p_1=0.2$,$p_{21}=0.2$ 时,随着次级认知用户数据包的到达率从 $p_{22}=0.3$ 增长到 $p_{22}=0.4$,最优接入阈值仍然是 $T^*=2$,这是由于系统为了平衡次级认知用户的吞吐量和平均延迟,防止次级认知用户的吞吐量损失过大,接入阈值将不再降低。

在实际的网络应用中，应当根据不同的网络运行状况设置最优接入阈值，以更好地平衡次级认知用户的不同性能指标。

2.7 本章小结

为了适应网络的多样化传输需求，同时为了控制次级认知用户数据包（即具有较低优先级的认知用户数据包）的系统接入行为，本章提出了一种基于分级认知用户接入阈值的频谱分配策略，为新到达的和被中断传输的次级认知用户数据包设置缓存，并在缓存中设置接入阈值。通过建立和分析一个带有多类顾客有限等待空间的离散时间抢占优先权排队模型，构造三维马尔可夫链并进行解析，得到了两类认知用户（高级认知用户和次级认知用户）的多个性能指标表达式。通过数值实验，研究了不同性能指标的变化趋势，实验结果表明，接入阈值对次级认知用户的影响较大，且次级认知用户的吞吐量与平均延迟均随着接入阈值的增大而增大。根据次级认知用户的吞吐量与平均延迟之间的折衷关系构造了一个关于接入阈值的收益函数，得到了平衡次级认知用户不同性能指标的最优接入阈值的数值结果。优化实验结果表明，随着各级别的网络用户数据包到达率的增加，最优接入阈值均呈现下降趋势。

第 3 章　基于分级认知用户中断掉包的频谱分配策略

3.1　引言

在含有分级认知用户的认知无线网络中，次级认知用户的优先权最低，其传输会被授权用户或高级认知用户中断，而高级认知用户的传输也会被授权用户中断。大量被中断传输的高级认知用户数据包和次级认知用户数据包在系统中逗留势必会增大系统负担，影响新到达的各类用户数据包的传输，同时造成系统的平均延迟上升。因此有必要控制被中断传输的高级认知用户数据包和次级认知用户数据包的系统返回行为。

为了有效降低系统的平均延迟，本章针对被中断传输数据包引入中断掉包机制，提出了一种基于分级认知用户中断掉包的频谱分配策略，假设被中断传输的高级认知用户数据包和次级认知用户数据包均会直接离开系统。通过建立一个带有多类顾客中断离开的离散时间抢占优先权排队模型并进行模型解析，得出系统的一系列重要性能指标表达式，并通过数值实验验证所提出的中断掉包机制在降低次级认知用户平均延迟方面的有效性。最后，结合博弈论理论，对次级认知用户数据包的系统接入行为进行了博弈分析。

3.2　基于分级认知用户中断掉包的频谱分配策略描述

考虑一个单信道的认知无线网络。系统中有两种认知用户数据包，即高级认知用户（SU1）数据包和次级认知用户（SU2）数据包。高级认知用户数据包的优先级高于次级认知用户数据包。系统中的授权用户数据包在单信道上具有最高的优先级，并且假设两类认知用户的频谱感知结果均是理想的，意味着在后续的系统模型研究中不需要考虑不同类型认知用户之间的干扰。为次级认知用户数据包设置了一个缓存区，储存未能及时接入信道的新到达的次级认知用户数据包。在次级认知用户数据包到达系统时，如果信道被其他数据包占用，这个新到达的次级认知用户数据包将在缓存区中排队等待传输。特别地，假设该缓存区的容量为无限。考虑授权用户和高级认知用户数据包的优先权较高，为了尽可能降低这两类用户数据传输的延迟，不为授权用户数据包和高级认知用户数据包设置缓存区。

考虑到授权用户数据包的最高优先级，在认知用户数据包（高级认知用户数据包或次级认知用户数据包）的传输期间有授权用户数据包到达系统时，该认知用户数据包的传输将被直接中断。考虑到高级认知用户数据包的相对优先级，一个新到达的高级认知用户数据包可以中断信道上正在进行的次级认知用户数据包的传输。

为了有效降低系统的平均延迟，针对被中断传输的次级认知用户和高级认知用户数据包，提出一种中断掉包机制，该机制假设被中断传输的高级认知用户数据包和次级认知用户数据包不会在系统逗留和等待再次传输，而是发生掉包，直接离开系统，寻找其他可用信道进行传输。

3.3 带有中断掉包的系统模型

将三类网络用户数据包抽象为排队模型中的多类顾客，将容量无限的次级认知用户缓存抽象为无限等待空间，基于分级认知用户中断掉包机制，本章建立了一个带有多类顾客中断离开的离散时间抢占优先权排队模型。

在系统模型建立流程中，假设将时间轴划分为大小相等的时隙，时隙边界表示为 $t=1, 2, \cdots$。假设授权用户数据包、高级认知用户数据包和次级认知用户数据包的到达间隙服从到达率为 λ_1，λ_{21} 和 λ_{22} 的几何分布。假设授权用户数据包、高级认知用户数据包和次级认知用户数据包的传输时间服从服务率为 μ_1，μ_{21} 和 μ_{22} 的几何分布。

令 $S_n^{(2)}$，$S_n^{(1)}$ 和 P_n 分别表示 $t = n^+$ 时系统中次级认知用户数据包、高级认知用户数据包和授权用户数据包的数量。为了描述系统中不同类型数据包数量的变化情况，提出了一种由次级认知用户数据包的数量 $S_n^{(2)}$、高级认知用户数据包的数量 $S_n^{(1)}$ 和授权用户数据包的数量 P_n 组成的三维离散时间马尔可夫链 $\{S_n^{(2)}, S_n^{(1)}, P_n\}$。在上述模型假设下，$\{S_n^{(2)}, S_n^{(1)}, P_n\}$ 状态空间 Ω 的具体形式为

$$\Omega = \{(i, 0, 0) \cup (i, 0, 1) \cup (i, 1, 0) : 0 \leqslant i \leqslant \infty\} \tag{3-1}$$

设 $\boldsymbol{P}$ 为三维马尔可夫链 $\{S_n^{(2)}, S_n^{(1)}, P_n\}$ 的状态转移概率矩阵。在基于分级认知用户中断掉包的频谱分配策略描述中，假设次级认知用户数据包的缓存容量为无穷大，以容纳系统中更多的次级认知用户数据包，因此，根据次级认知用户数据包数量的状态转移，转移概率矩阵 $\boldsymbol{P}$ 的维数为无穷大。$\boldsymbol{P}$ 表达式为

$$\boldsymbol{P} = \begin{pmatrix} \boldsymbol{F}_0 & \boldsymbol{I}_0 & & \\ \boldsymbol{D} & \boldsymbol{F} & \boldsymbol{I} & \\ & \boldsymbol{D} & \boldsymbol{F} & \boldsymbol{I} \\ & & \ddots & \ddots & \ddots \end{pmatrix} \tag{3-2}$$

$\boldsymbol{P}$ 中的每个非零块都是 3×3 矩阵，每个非零块的具体形式如下。

(1) $\boldsymbol{F}_0$ 表示系统中的次级认知用户数据包的数量固定为 0 的一步转移概率矩阵，$\boldsymbol{F}_0$ 的具体形式为

$$\boldsymbol{F}_0 = \begin{pmatrix} \bar{\lambda}_1 \bar{\lambda}_{21} \bar{\lambda}_{22} & \lambda_1 \bar{\lambda}_{22} & \bar{\lambda}_1 \lambda_{21} \bar{\lambda}_{22} \\ \mu_1 \bar{\lambda}_1 \bar{\lambda}_{21} \bar{\lambda}_{22} & (\bar{\mu}_1 + \lambda_1 \mu_1) \bar{\lambda}_{22} & \mu_1 \bar{\lambda}_1 \lambda_{21} \bar{\lambda}_{22} \\ \mu_{21} \bar{\lambda}_1 \bar{\lambda}_{21} \bar{\lambda}_{22} & \lambda_1 \bar{\lambda}_{22} & \bar{\lambda}_1 \bar{\lambda}_{22} (\bar{\mu}_{21} + \lambda_{21} \mu_{21}) \end{pmatrix} \tag{3-3}$$

(2) $\boldsymbol{I}_0$ 表示系统中次级认知用户数据包的数量从 0 增加到 1 的一步转移概

率矩阵，I_0 的具体形式为

$$I_0 = \begin{pmatrix} \bar\lambda_1 \bar\lambda_{21}\lambda_{22} & \lambda_1\lambda_{22} & \bar\lambda_1\lambda_{21}\lambda_{22} \\ \mu_1 \bar\lambda_1 \bar\lambda_{21}\lambda_{22} & (\bar\mu_1 + \lambda_1\mu_1)\lambda_{22} & \mu_1 \bar\lambda_1\lambda_{21}\lambda_{22} \\ \mu_{21} \bar\lambda_1 \bar\lambda_{21}\lambda_{22} & \lambda_1\lambda_{22} & \bar\lambda_1\lambda_{22}(\bar\mu_{21} + \lambda_{21}\mu_{21}) \end{pmatrix} \quad (3\text{-}4)$$

（3）D 表示系统中次级认知用户数据包的数量减少 1 的一步转移概率矩阵，D 的具体形式为

$$D = \begin{pmatrix} \mu_{22}\bar\lambda_1 \bar\lambda_{21}\bar\lambda_{22} & \lambda_1\bar\lambda_{22} & \bar\lambda_1\lambda_{21}\bar\lambda_{22} \\ 0 & 0 & 0 \\ 0 & 0 & 0 \end{pmatrix} \quad (3\text{-}5)$$

（4）当次级认知用户数据包数量不小于 1 时，F 表示系统中次级认知用户数据包的数量保持不变的一步转移概率矩阵，F 的具体形式为

$$F = \begin{pmatrix} \bar\lambda_1 \bar\lambda_{21}(\lambda_{22}\mu_{22} + \bar\lambda_{22}\bar\mu_{22}) & \lambda_1\lambda_{22} & \bar\lambda_1\lambda_{21}\lambda_{22} \\ \mu_1 \bar\lambda_{22}\bar\lambda_1\bar\lambda_{21} & (\bar\mu_1 + \lambda_1\mu_1)\bar\lambda_{22} & \bar\lambda_{22}\bar\lambda_1\lambda_{21}\mu_1 \\ \mu_{21}\bar\lambda_{22}\bar\lambda_1\bar\lambda_{21} & \lambda_1\bar\lambda_{22} & (\bar\mu_{21} + \lambda_{21}\mu_{21})\bar\lambda_{22}\bar\lambda_1 \end{pmatrix}$$

$$(3\text{-}6)$$

（5）当次级认知用户数据包数量不小于 1 时，I 表示系统中次级认知用户数据包的数量增加 1 的一步转移概率矩阵，I 的具体形式为

$$I = \begin{pmatrix} \bar{\mu}_{22}\bar{\lambda}_1\bar{\lambda}_{21}\lambda_{22} & 0 & 0 \\ \mu_1\bar{\lambda}_1\bar{\lambda}_{21}\lambda_{22} & (\bar{\mu}_1+\lambda_1\mu_1)\lambda_{22} & \mu_1\bar{\lambda}_1\lambda_{21}\lambda_{22} \\ \mu_{21}\bar{\lambda}_1\bar{\lambda}_{21}\lambda_{22} & \lambda_1\lambda_{22} & \bar{\lambda}_1\lambda_{22}(\bar{\mu}_{21}+\lambda_{21}\mu_{21}) \end{pmatrix} \quad (3\text{-}7)$$

到目前为止，P 中所有的非零子块都已给出。基于转移概率矩阵 P 的结构，建立了三维马尔可夫链 $\{S_n^{(2)}, S_n^{(1)}, P_n\}$ 且遵循拟生灭过程[84]。三维马尔可夫链 $\{S_n^{(2)}, S_n^{(1)}, P_n\}$ 的稳态分布 $\pi_{i,j,k}$ 定义为

$$\pi_{i,j,k} = \lim_{n\to\infty} P\{S_n^{(2)}=i,\ S_n^{(1)}=j,\ P_n=k\} \quad (3\text{-}8)$$

稳态分布的数值结果 $\pi_{i,j,k}$ 可以用矩阵几何解的方法求得，具体求解方法可参见文献[84]。

3.4　基于分级认知用户中断掉包的频谱分配策略的性能指标

在所考虑的基于分级认知用户中断掉包的频谱分配策略中，高级认知用户数据包的传输仅受授权用户数据包的影响，与次级认知用户数据包无关。所以基于分级认知用户中断掉包机制下的高级认知用户的系统性能可以参考本书第 2 章中有关高级认知用户性能指标的分析过程。在所提出的中断掉包机制下，次级认知用户数据包的传输不仅受到授权用户数据包的影响，而且还受到高级认知用户数据包的影响；同时，中断掉包机制也直接影响次级认知用户的性能。因此，本节着重对于中断掉包机制下的次级认知用户的性能指标进行分析，推导出次级认知用户的中断率、吞吐量和平均延迟等重要性能指标的表达式。

次级认知用户的中断率 γ 定义为单位时隙被中断传输的次级认知用户数据包的平均数量。在所提出的基于分级认知用户的中断掉包机制中，次级认知用户的数据包的传输会被授权用户数据包或高级认知用户数据包中断。因此，次级认知用户的中断率 γ 表达式为

$$\gamma = \sum_{i=1}^{\infty} \pi_{i,0,0} \bar{\mu}_{22}(1 - \bar{\lambda}_1 \bar{\lambda}_{21}) \qquad (3-9)$$

次级认知用户的吞吐量 θ 定义为每个时隙成功传输的次级认知用户数据包的平均数量。在所提出的基于分级认知用户的中断掉包机制中,当且仅当一个接入系统的次级认知用户数据包的传输没有被中断时,该次级认知用户数据包才能成功地传输。因此,次级认知用户的吞吐量 θ 的表达式为

$$\theta = \lambda_{22} - \gamma \qquad (3-10)$$

次级认知用户的平均延迟 δ 定义为次级认知用户数据包从到达系统到离开系统(被成功传输或被中断离开)的平均时间长度。利用 Little 公式,可得次级认知用户的平均延迟 δ 的表达式:

$$\delta = \frac{E[\,\mathrm{SU2}]}{\lambda_{22}} \qquad (3-11)$$

式中,$E[\,\mathrm{SU2}]$ 是次级认知用户的平均队长,它定义为系统处于稳态时的次级认知用户数据包的平均数量。$E[\,\mathrm{SU2}]$ 的表达式为

$$E[\,\mathrm{SU2}] = \sum_{i=0}^{\infty} i(\pi_{i,0,0} + \pi_{i,0,1} + \pi_{i,1,0}) \qquad (3-12)$$

3.5 中断掉包机制下次级认知用户接入行为优化

在带有分级认知用户中断掉包的认知无线网络中,选择接入系统的次级认知用户数据包的传输可以被授权用户数据包或高级认知用户数据包中断。这意

味着次级认知用户数据包在接入系统之后可能无法成功传输。因此，对于新到达的次级认知用户数据包，需要权衡是否接入系统。本节重点从次级认知用户数据包的视角出发，分别给出次级认知用户的个人最优策略和社会最优策略，对次级认知用户数据包的系统接入行为进行博弈分析。

3.5.1　个人最优策略与社会最优策略

首先，针对单个次级认知用户数据包的系统接入行为进行分析。在以下分析中，需要提前给出相关假设。

（1）假设新到达系统的次级认知用户数据包在做出是否接入系统的决策之前不能获知系统中的数据包数量（包括授权用户数据包、高级认知用户数据包和次级认知用户数据包数量），即在不视排队假设下展开相关分析。

（2）如果次级认知用户数据包被成功地传输，则可以获得奖励 R，而选择接入系统的次级认知用户数据包在系统逗留一个时隙的费用为 C。

（3）次级认知用户数据包在做出接入系统的决定之后不能反悔或者中途退出系统。

基于上述假设，进行次级认知用户的个人最优策略分析。

对于单个次级认知用户数据包，如果该次级认知用户数据包选择接入系统，则其个人收益函数 $W_1(\lambda_{22})$

$$W_1(\lambda_{22}) = \left(1 - \frac{\gamma}{\lambda_{22}}\right) R - \delta C \qquad (3-13)$$

式中，$1-\gamma/\lambda_{22}$ 表示次级认知用户数据包能够获得成功传输的概率。

定义 λ_e 是次级认知用户数据包的个人最优接入率，并且 q_e 是次级认知用户数据包的个人最优接入概率。如果 Λ 表示次级认知用户数据包的潜在到达率，则有 $\lambda_e = q_e \Lambda$。从后续数值实验及博弈相关理论[101-103]可知，随着次级认知用户数据包到达率的增加，个人收益函数将呈现减小的变化趋势。对次级认知用户数据包的个人最优策略分析如下（为了避免模型分析的复杂性，假设 $W_1(0^+) > 0$）。

（1）对于 $W_I(\Lambda) \geqslant 0$，个人最优接入概率为 $q_e = 1$，则个人最优接入率为 $\lambda_e = q_e \Lambda = \Lambda$。

（2）对于 $W_I(\Lambda) < 0$，基于纳什均衡理论[101-103]，个人最优接入率 λ_e 可以通过求解 $W_I(\lambda_{22}) = 0$ 得到，且个人最优接入概率可由 $q_e = \lambda_e / \Lambda$ 求得。

继续分析次级认知用户数据包的社会最优策略。社会最优策略是使每个时隙获得的预期收益最大化。因此，对于次级认知用户数据包，社会收益函数 $W_S(\lambda_{22})$ 表达式为

$$W_S(\lambda_{22}) = \lambda_{22}\left(\left(1 - \frac{\gamma}{\lambda_{22}}\right) R - \delta C\right) \tag{3-14}$$

令 λ_S 表示次级认知用户数据包的社会最优接入率，q_S 表示次级认知用户数据包的社会最优接入概率，则有 $\lambda_S = q_S \Lambda$。由式（3-14）进一步推导社会最优接入率 λ：

$$\lambda_S = \arg\max_{\lambda_{22}}\{W_S(\lambda_{22})\} \tag{3-15}$$

通过式（3-15）求得社会最优接入率 λ_S 后，可以进一步得到社会最优接入概率 $q_S = \lambda_S / \Lambda$。

3.5.2 定价方案

正如后续优化数值结果显示的那样，个人最优策略下的最优接入率和最优接入概率均高于社会最优策略下的最优接入率和最优接入概率，这意味着在个人最优策略下次级认知用户数据包会选择一个更高的概率接入系统，但这会降低社会总收益。为了保证社会收益的最大化，必须要求次级认知用户数据包遵循社会最优接入率和社会最优接入概率。

因此，为了控制次级认知用户数据包的系统接入行为，对成功传输的次级认知用户数据包引入一个接入费用 f。当一个次级认知用户数据包被成功传输时，这个次级认知用户数据包必须付出接入费用 f。当引入接入费用 f 后，对于

单个次级认知用户数据包，新的个人收益函数 $\hat{W}_I(\lambda_{22})$ 为

$$\hat{W}_I(\lambda_{22}) = \left(1 - \frac{\gamma}{\lambda_{22}}\right)(R - f) - \delta C \qquad (3-16)$$

当引入接入费用 f 后，新的社会收益函数 $\hat{W}_S(\lambda_{22})$ 为

$$\hat{W}_S(\lambda_{22}) = \lambda_{22}\left(\left(1 - \frac{\gamma}{\lambda_{22}}\right)(R - f) - \delta C\right) + \lambda_{22}\left(1 - \frac{\gamma}{\lambda_{22}}\right)f \qquad (3-17)$$

通过比较式(3-14)和式(3-17)可以发现，接入费用对社会收益没有影响。也就是说，当引入接入费用之后，社会最优接入率与社会最优接入概率是不发生变化的。

基于纳什均衡理论，在式(3-16)中通过设置 $\lambda_{22} = \lambda_S$，可得

$$\hat{W}_I(\lambda_S) = \left(1 - \frac{\gamma}{\lambda_S}\right)(R - f) - \delta C \qquad (3-18)$$

令 $\hat{W}_I(\lambda_S) = 0$，可求得最优接入费用 f 的表达式：

$$f = R - \frac{\lambda_S \delta C}{\lambda_S - \gamma} \qquad (3-19)$$

此外，当社会最优接入率 λ_S 等于潜在到达率 Λ 时，最优接入费用将等于或小于 f^*，f^* 具体形式为

$$f^* = R - \frac{\Lambda \delta C}{\Lambda - \gamma} \qquad (3-20)$$

3.6 基于分级认知用户中断掉包的频谱分配策略的 实验分析

3.6.1 性能指标的数值结果

在本小节中，利用数值结果评估次级认知用户的系统性能。一般来说，在评估认知无线网络的系统性能时，吞吐量和平均延迟是两个最重要的性能指标。吞吐量能够评估系统的传输效率，而平均延迟可以评估系统的响应性能。因此，在接下来的数值结果中，重点分析了不同参数设置下次级认知用户的吞吐量和平均延迟的变化趋势。在不失一般性的情况下，在下列数值实验中假设各级别用户数据包的服务率 μ_1，μ_{21}，和 μ_{22} 均等于 0.5。

图 3-1 显示了在不同的授权用户数据包到达率 λ_1 的情况下，次级认知用户吞吐量 θ 的变化趋势。

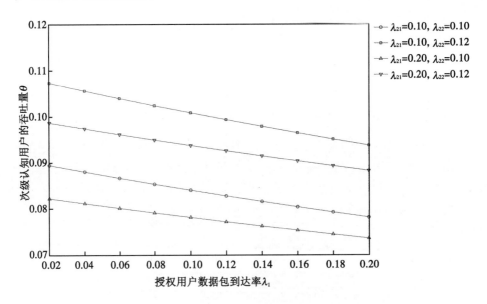

图 3-1 次级认知用户吞吐量的变化趋势

从图 3-1 可以看出，随着授权用户数据包到达率或高级认知用户数据包到达率的增加，次级认知用户的吞吐量减少。这是因为随着授权用户数据包到达率或高级认知用户数据包到达率的增加，会有更多的授权用户数据包或高级认知用户数据包进入系统并占用信道进行传输，这样次级认知用户数据包占用信道的可能性将会降低，成功传输的次级认知用户数据包的数量会减少，因此次级认知用户的吞吐量将降低。

从图 3-1 也可以发现，随着次级认知用户数据包到达率的增加，次级认知用户的吞吐量将会增加。出现这种变化趋势的原因是，随着次级认知用户数据包到达率的增加，更多的次级认知用户数据包将接入系统，更多的次级认知用户数据包将占用信道进行传输，于是更多的次级认知用户数据包将被成功传输。因此，随着次级认知用户数据包到达率的增加，次级认知用户的吞吐量将呈现上升趋势。

图 3-2 显示了在不同的授权用户数据包到达率 λ_1 的情况下，次级认知用户的平均延迟 δ 的变化趋势。此外，在图 3-2 中，将本章所提出的基于分级认知用户中断掉包机制下的次级认知用户的平均延迟与传统的基于分级认知用户

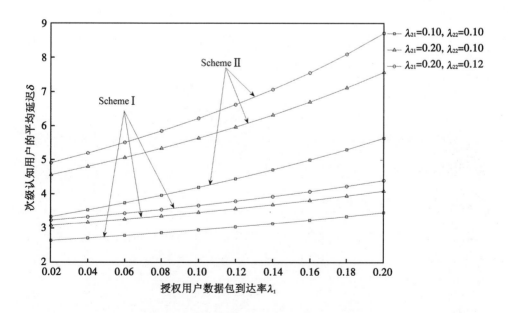

图 3-2　次级认知用户平均延迟的变化趋势

中断数据包返回机制(次级认知用户数据包返回)下的次级认知用户的平均延迟进行了对比。为了进行区分,本章所提出的基于分级认知用户的中断掉包机制标记为 Scheme Ⅰ,而传统中断数据包返回机制标记为 Scheme Ⅱ。

从图 3-2 可以得出结论,随着授权用户数据包到达率或高级认知用户数据包到达率的增加,次级认知用户的平均延迟将增加。这是因为随着授权用户数据包到达率或高级认知用户数据包到达率的增加,更多的授权用户数据包或高级认知用户数据包将占用信道,次级认知用户数据包占用信道的概率降低,这样将造成更多的次级认知用户数据包必须在缓存中排队等待,系统中逗留了大量的次级认知用户数据包。因此,随着授权用户数据包到达率或高级认知用户数据包到达率的增加,次级认知用户的平均延迟将增加。

从图 3-2 还可以得出结论,随着次级认知用户数据包到达率的增加,次级认知用户的平均延迟将增加。这是因为,随着次级认知用户数据包到达率的增加,更多的次级认知用户数据包将接入系统,并且更多的次级认知用户数据包必须在缓存中等待。因此,大量次级认知用户的数据包在系统中逗留,必然会导致次级认知用户的平均延迟的增加。

此外,从图 3-2 中 Scheme Ⅰ 和 Scheme Ⅱ 下的次级认知用户平均延迟的对比结果可以发现,与传统的数据包中断返回缓存机制(Scheme Ⅱ)相比,本章提出的中断掉包机制(Scheme Ⅰ)下的平均延迟明显较低,这说明中断掉包机制极大地改进了次级认知用户的平均延迟性能。因此可以得出结论,本章提出的基于分级认知用户中断掉包方案能够有效地降低次级认知用户的平均延迟。

在实际网络设置中,本章所提出的中断掉包机制更加适用于对时延较为敏感的网络。

3.6.2 优化策略的数值结果

在本节中,比较了次级认知用户数据包的个人最优策略和社会最优策略的数值结果,并给出了不同参数设置下接入费用的数值结果。参照性能指标数值实验中的参数设置,以 $C=2$,$\Lambda=0.2$ 为例,图 3-3 和图 3-4 分别显示了次级认知用户个人收益函数 $W_I(\lambda_{22})$ 和社会收益函数 $W_S(\lambda_{22})$ 随次级认知用户数据包到达率 λ_{22} 的变化趋势。

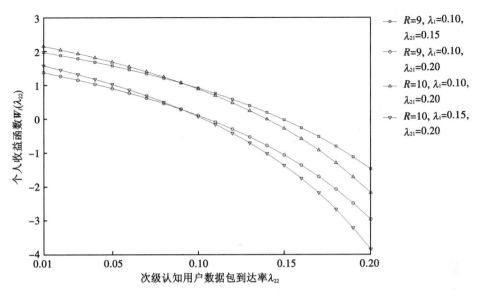

图 3-3　个人收益函数的变化趋势

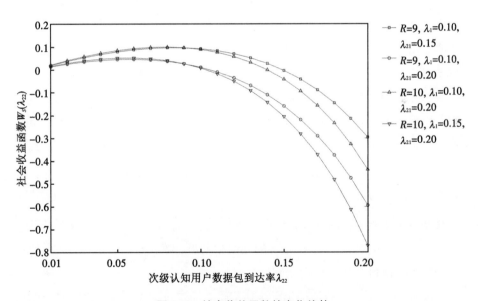

图 3-4　社会收益函数的变化趋势

从图 3-3 和图 3-4 可以看出，随着次级认知用户数据包到达率的增加，个人收益函数呈现下降趋势。随着次级认知用户数据包到达率的增加，社会收益函数呈现一种上凸的趋势。根据 3.5.1 节中有关次级认知用户的个人最优策略和社会最优策略的分析，并基于图 3-3 和图 3-4 所示的数值结果，表 3-1 总结了个人最优策略和社会最优策略的数值结果。

表 3-1　个人最优策略和社会最优策略的数值结果

奖励 R	授权用户数据包的到达率 λ_1	高级认知用户数据包的到达率 λ_{21}	次级认知用户数据包的个人最优接入率 λ_e		次级认知用户数据包的个人最优接入概率 q_e		次级认知用户数据包的社会最优接入率 λ_S	次级认知用户数据包的社会最优接入概率 q_S
			最小值	最大值	最小值	最大值		
9	0.10	0.15	0.14	0.15	0.70	0.75	0.08	0.40
9	0.10	0.20	0.10	0.11	0.50	0.55	0.06	0.30
10	0.10	0.15	0.13	0.14	0.65	0.70	0.08	0.40
10	0.15	0.20	0.10	0.11	0.50	0.55	0.06	0.30

首先，由于个人收益函数的复杂性，很难直接给出个人最优接入率和个人最优接入概率的准确值。因此，表 3-1 总结了个人最优策略下的接入率与接入概率的取值范围。从表 3-1 可以看出，个人最优策略下的最优接入率和最优接入概率高于社会最优策略下的最优接入率和最优接入概率。

从表 3-1 可以得出结论，随着授权用户数据包到达率或高级认知用户数据包到达率的增加，个人最优接入率/概率和社会最优接入率/概率均呈现下降趋势。这是因为随着授权用户数据包/到达率或高级认知用户数据包到达率的增加，次级认知用户数据包被成功传输的可能性将降低。因此，更多的次级认知用户数据包将会放弃接入系统。

此外，从表 3-1 可以看出，随着奖励 R 增加，个人最优接入率/概率和社会最优接入率/概率均增加，这种趋势的原因很明显，随着奖励的增加，更多的次级认知用户数据包会选择接入系统。

根据表 3-1 所列的数值结果，并基于前文的定价方案，可以进一步总结出最优接入费用的数值结果，如表 3-2 所列。

从表 3-2 可以看出，随着授权用户数据包到达率或高级认知用户数据包到达率的增加，最优接入费用 f 减少。这是因为随着授权用户数据包到达率或高级认知用户数据包到达率的增加，更多的次级认知用户数据包将会放弃接入系统。为了鼓励更多的次级认知用户数据包接入系统，必须降低接入费用。

表 3-2　最优接入费用的数值结果

奖励 R	授权用户数据包的到达率 λ_1	高级认知用户数据包的到达率 λ_{21}	次级认知用户数据包的社会最优接入率 λ_S	接入费用 f
9	0.10	0.15	0.08	1.4879
9	0.10	0.20	0.06	0.9787
10	0.10	0.20	0.08	1.5668
10	0.15	0.20	0.06	1.1371

从表 3-2 还可以发现，随着奖励 R 的增加，最优接入费用 f 增加。造成这种趋势的原因是，随着奖励的提高，更多的次级认知用户数据包将会选择接入系统，但大量次级认知用户数据包接入系统，会影响社会收益，为了控制系统中次级认知用户数据包的数量，接入费用应该设置得更高。

3.7　本章小结

本章研究了一个基于分级认知用户中断掉包的频谱分配策略。被中断传输的高级认知用户数据包和次级认知用户数据包将离开系统发生掉包。基于网络中三种数据包的系统行为，建立了一个带有多类顾客中断离开的离散时间抢占优先权排队模型并进行模型解析，推导出了次级认知用户的中断率、吞吐量和平均延迟的表达式。数值实验结果表明，所提出的中断掉包机制可以有效降低次级认知用户的平均延迟。另外，随着次级认知用户数据包到达率的增加，次级认知用户的平均延迟明显增加。因此，为了控制和进一步优化次级认知用户数据包的系统接入行为，结合博弈理论，给出了次级认知用户的个人最优策略和社会最优策略，并提出了一种定价方案使次级认知用户遵循社会最优策略。

第4章　基于分级认知用户可调节接入控制的频谱分配策略

4.1　引言

在第 2 章所提出的基于分级认知用户接入阈值的频谱分配策略中，接入阈值的引入控制了次级认知用户的大量无序接入，有效保证了授权用户和高级认知用户的系统性能。第 3 章提出的中断掉包机制，也有效降低了次级认知用户的平均延迟。本章继续研究针对次级认知用户的接入控制机制，同时引入第 3 章所提出的中断掉包机制。

在本章中，为了自适应地控制次级认知用户数据包接入系统，降低次级认知用户的平均延迟，提出了一种面向次级认知用户的可调节接入控制机制，新到达的次级认知用户数据包可以以一个接入概率接入系统，且该接入概率与系统中数据包数目密切相关；本章还特别引入了一个调节因子来动态调节系统中数据包数目对接入概率的影响权重。本章所提出的可调节接入控制机制可以实现更加动态灵活的频谱分配。在系统模型方面，建立了一个带有多类顾客可调输入率的离散时间抢占优先权排队模型，通过模型解析推导出一些重要的系统性能指标的表达式；通过数值实验研究了不同参数设置下调节因子对系统不同性能指标的影响，并对调节因子进行了优化设计研究。

4.2　基于分级认知用户可调节接入控制的频谱分配策略描述

本章考虑只含有一条传输信道的系统。系统中有三种类型的数据包，它们是授权用户（PU）数据包、高级认知用户（SU1）数据包和次级认知用户（SU2）数据包。授权用户数据包具有最高的优先权，可以中断信道中正在传输的两类认知用户数据包并抢占信道进行传输，高级认知用户数据包具有高于次级认知用户数据包的优先权。在实际应用中，实时传输的认知用户数据包可以看作高级认知用户数据包，其他认知用户数据包（如非实时数据）可以看作次级认知用户数据包。

为次级认知用户数据包分配具有有限容量 $K(K>0)$ 的缓存；为了减少授权用户数据包和高级认知用户数据包的平均延迟，不为这两种数据包设置缓存。在认知无线网络中，如果一个授权用户数据包需要接入一条信道，但是该信道正被认知用户数据包所使用，为了避免对授权用户数据包的干扰，这个认知用户数据包将中断传输并让出信道使用权。在所提出的基于分级认知用户可调节接入控制的频谱分配策略中，假设新到达的授权用户数据包可以中断正在使用信道的高级认知用户数据包或次级认知用户数据包的传输。但当一个新的授权用户数据包到达系统时，如果信道正被另一个授权用户数据包使用，则这个新到达的授权用户数据包将被阻塞并离开系统。类似地，新到达的高级认知用户数据包可以中断次级认知用户数据包的数据传输并占用信道，但当一个新的高级认知用户数据包到达系统时，如果信道正被一个授权用户数据包或者另一个高级认知用户数据包使用，则这个新到达的高级认知用户数据包将被阻塞并离开系统。

次级认知用户数据包的优先权最低，为了自适应地控制次级认知用户数据包的系统接入行为，本章提出了一种面向次级认知用户的可调节接入控制机制，其工作机制如图 4-1 所示。

如图 4-1 所示，在这种可调节接入控制机制中，新到达的次级认知用户数据包以一个接入概率被系统接收，而该接入概率与系统中数据包的总数有关。

此外，该可调节接入控制机制中新引入了一个调节因子 τ 来控制系统中数据包的数目在接入概率中所占的权重，接入概率可表示为 $q_i = 1/(i\tau+1)$，其中，i 为系统中数据包的总数，τ 为调节因子。

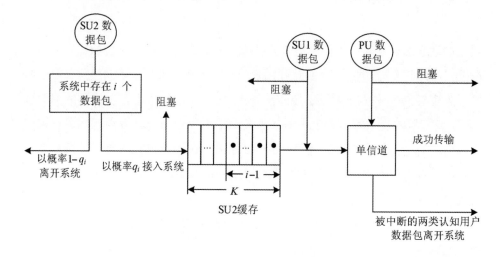

图 4-1　可调节接入控制机制图

另外，如果一个次级认知用户数据包被允许接入系统，但发现缓存已被占满，则这个次级认知用户数据包将被系统阻塞。

由于授权用户数据包和高级认知用户数据包的优先级较高，可能会中断次级认知用户的数据传输。为了减少被中断传输的次级认知用户数据包对系统产生的不利影响，规定被中断传输的次级认知用户数据包发生掉包直接离开系统。当然，高级认知用户数据包的传输也会被授权用户数据包中断，假设被中断传输的高级认知用户数据包会发生掉包直接离开系统。

4.3　带有可调输入率的系统模型

基于排队论理论，可以根据所提出的基于分级认知用户可调节接入控制的频谱分配策略的工作机制将三种用户数据包抽象为三种不同优先级的顾客，进而建立一个带有多类顾客可调输入率的离散时间抢占优先权排队模型。

假设在一个带有时隙结构的早到系统中，时间轴中时隙边界按 $t=1, 2, \cdots$

排序，为了避免后续模型分析中的复杂性，不失一般性，假设在时间的间隙(n, n^+)期间到达的次级认知用户数据包是否能够被允许接入系统取决于$t = n^-$时刻系统中的数据包数量。

假设授权用户数据包、高级认知用户数据包和次级认知用户数据包的到达间隔遵循几何分布，参数分别为λ_1，λ_{21}和λ_{22}。同样地，假设授权用户数据包、高级认知用户数据包和次级认知用户数据包的传输时间服从几何分布，参数分别为μ_1，μ_{21}和μ_{22}。

用L_n表示在$t = n^+$时刻系统中数据包的总数，$L_n^{(1)}$和$L_n^{(21)}$分别表示在$t = n^+$时刻系统中授权用户数据包和高级认知用户数据包的数量。$\{L_n, L_n^{(21)}, L_n^{(1)}\}$构成一个三维离散时间马尔可夫链，其状态空间$\boldsymbol{\Omega}$表示为

$$\boldsymbol{\Omega} = (0, 0, 0) \cup \{(i, 0, 0) \cup (i, 1, 0) \cup (i, 0, 1) : 1 \leq i \leq K+1\}$$
$$(4-1)$$

令$\boldsymbol{P}$为$\{L_n, L_n^{(21)}, L_n^{(1)}\}$的状态转移概率矩阵，$\boldsymbol{P}$的具体形式为

$$\boldsymbol{P} = \begin{pmatrix} \boldsymbol{P}_{0,0} & \boldsymbol{P}_{0,1} & \boldsymbol{P}_{0,2} & & & \\ \boldsymbol{P}_{1,0} & \boldsymbol{P}_{1,1} & \boldsymbol{P}_{1,2} & & & \\ & \boldsymbol{P}_{2,1} & \boldsymbol{P}_{2,2} & \boldsymbol{P}_{2,3} & & \\ & \ddots & \ddots & \ddots & & \\ & & \boldsymbol{P}_{K,K-1} & \boldsymbol{P}_{K,K} & \boldsymbol{P}_{K,K+1} \\ & & & \boldsymbol{P}_{K+1,K} & \boldsymbol{P}_{K+1,K+1} \end{pmatrix} \quad (4-2)$$

其中，$\boldsymbol{P}_{u,v}$表示系统中数据包总数从u到v的一步转移概率矩阵，$u = 0, 1, \cdots, K+1$，$v = 0, 1, \cdots, K+1$。

为了表述上的简洁，在下文的各个子矩阵的分析中，引入符号$\alpha_u = \lambda_{22}/(\tau u + 1)$，$u = 0, 1, 2, \cdots, K+1$。此外，引入互补事件发生概率的表示方法，如$\overline{\alpha}_u = 1 - \alpha_u$，下面具体讨论$\boldsymbol{P}$中的每个非零子块的具体形式。

（1）$P_{0,0}$是系统中数据包总数固定为 0 时的一步转移概率矩阵。当系统中数据包总数保持为 0 时，唯一的可能是系统中没有新到达的授权用户数据包、高级认知用户数据包和次级认知用户数据包。因此 $P_{0,0}$可表示为

$$P_{0,0} = \bar{\lambda}_1 \bar{\lambda}_{21} \bar{\lambda}_{22} \qquad (4-3)$$

（2）$P_{0,1}$是系统中数据包总数由 0 增加到 1 时的一步转移概率矩阵。当系统中数据包总数为 1 时，其有三种可能，即系统中只有一个次级认知用户数据包、系统中只有一个高级认知用户数据包或系统中只有一个授权用户数据包。因此，$P_{0,1}$是一个 1×3 矩阵：

$$P_{0,1} = \begin{pmatrix} \bar{\lambda}_1 \bar{\lambda}_{21} \lambda_{22} & \bar{\lambda}_1 \lambda_{21} \bar{\lambda}_{22} & \lambda_1 \bar{\lambda}_{22} \end{pmatrix} \qquad (4-4)$$

（3）$P_{0,2}$是系统中数据包总数由 0 增加到 2 时的一步转移概率矩阵。当系统中数据包总数为 2 时，其有三种可能，即系统中有两个次级认知用户数据包、系统中有一个高级认知用户数据包和一个次级认知用户数据包或系统中有一个授权用户数据包和一个次级认知用户数据包。因此，$P_{0,2}$是一个 1×3 矩阵：

$$P_{0,2} = \begin{pmatrix} 0 & \bar{\lambda}_1 \lambda_{21} \lambda_{22} & \lambda_1 \lambda_{22} \end{pmatrix} \qquad (4-5)$$

（4）$P_{1,0}$是系统中数据包总数由 1 减少到 0 时的一步转移概率矩阵。类似于（1）~（3）所述，$P_{1,0}$是一个 3×1 矩阵

$$P_{1,0} = \begin{pmatrix} \bar{\lambda}_1 \bar{\lambda}_{21} \bar{\alpha}_1 \mu_{22} \\ \bar{\lambda}_1 \bar{\lambda}_{21} \bar{\alpha}_1 \mu_{21} \\ \bar{\lambda}_1 \bar{\lambda}_{21} \bar{\alpha}_1 \mu_1 \end{pmatrix} \qquad (4-6)$$

（5）$P_{u,u-1}(2 \leqslant u \leqslant K+1)$ 是系统中数据包总数从 u 减少到 $u-1$ 的一步转移概率矩阵。当系统中数据包总数为 u 时，其有三种可能，即系统中有 u 个次级认知用户数据包、系统中有一个高级认知用户数据包和 $u-1$ 个次级认知用户数据包或系统中有一个授权用户数据包和 $u-1$ 个次级认知用户数据包。因此，$P_{u,u-1}$ 是一个 3×3 矩阵

$$P_{u,u-1} = \begin{pmatrix} \bar{\lambda}_1 \bar{\lambda}_{21} \bar{\alpha}_u \mu_{22} & 0 & 0 \\ \bar{\lambda}_1 \bar{\lambda}_{21} \bar{\alpha}_u \mu_{21} & 0 & 0 \\ \bar{\lambda}_1 \bar{\lambda}_{21} \bar{\alpha}_u \mu_1 & 0 & 0 \end{pmatrix} \tag{4-7}$$

（6）$P_{u,u}(1 \leqslant u \leqslant K)$ 是系统中数据包总数固定为 u 的一步转移概率矩阵。类似于（5）所述，$P_{u,u}$ 是一个 3×3 矩阵：

$$P_{u,u} = \begin{pmatrix} \bar{\lambda}_1 \bar{\lambda}_{21}(\mu_{22}\alpha_u + \bar{\mu}_{22}\bar{\alpha}_u) & \bar{\lambda}_1 \lambda_{21} \bar{\alpha}_u & \lambda_1 \bar{\alpha}_u \\ \bar{\lambda}_1 \bar{\lambda}_{21}\alpha_u \mu_{21} & \bar{\lambda}_1 \bar{\alpha}_u(\bar{\mu}_{21} + \mu_{21}\lambda_{21}) & \lambda_1 \bar{\alpha}_u \\ \bar{\lambda}_1 \bar{\lambda}_{21}\alpha_u \mu_1 & \bar{\lambda}_1 \lambda_{21} \bar{\alpha}_u \mu_1 & \bar{\alpha}_u(\bar{\mu}_1 + \mu_1\lambda_1) \end{pmatrix} \tag{4-8}$$

（7）$P_{u,u+1}(1 \leqslant u \leqslant K)$ 是系统中数据包总数从 u 增加到 $u+1$ 的一步转移概率矩阵。类似于（5）所述，$P_{u,u+1}$ 是一个 3×3 矩阵：

$$P_{u,u+1} = \begin{pmatrix} \bar{\lambda}_1 \bar{\lambda}_{21} \alpha_u \bar{\mu}_{22} & \bar{\lambda}_1 \lambda_{21} \alpha_u & \lambda_1 \alpha_u \\ 0 & \bar{\lambda}_1 \alpha_u(\bar{\mu}_{21} + \mu_{21}\lambda_{21}) & \lambda_1 \alpha_u \\ 0 & \bar{\lambda}_1 \lambda_{21} \alpha_u \mu_1 & \alpha_u(\bar{\mu}_1 + \mu_1\lambda_1) \end{pmatrix} \tag{4-9}$$

（8）$P_{K+1,K+1}$ 是系统中数据包总数固定在 $K+1$ 时的一步转移概率矩阵。类

似于(5)所述，$P_{K+1,\,K+1}$是一个 3×3 矩阵：

$$
P_{K+1,\,K+1} = \begin{pmatrix}
\bar{\lambda}_1\bar{\lambda}_{21}(1-\bar{\alpha}_{K+1}\mu_{22}) & \bar{\lambda}_1\lambda_{21} & \lambda_1 \\
\bar{\lambda}_1\bar{\lambda}_{21}\alpha_{K+1}\mu_{21} & \bar{\lambda}_1(\bar{\mu}_{21}+\mu_{21}\lambda_{21}) & \lambda_1 \\
\bar{\lambda}_1\bar{\lambda}_{21}\alpha_{K+1}\mu_1 & \bar{\lambda}_1\lambda_{21}\mu_1 & \bar{\mu}_1+\mu_1\lambda_1
\end{pmatrix}
$$

$$(4\text{-}10)$$

转移概率矩阵 P 的结构表明，三维离散时间马尔可夫链 $\{L_n, L_n^{(21)}, L_n^{(1)}\}$ 是非周期的、不可约、正常返的。

定义三维马尔可夫链 $\{L_n, L_n^{(21)}, L_n^{(1)}\}$ 的稳态分布 $\pi_{i,j,k}$ 为

$$\pi_{i,j,k} = \lim_{n\to\infty} P\{L_n=i, L_n^{(21)}=j, L_n^{(1)}=k\} \qquad (4\text{-}11)$$

设 Π 为稳态概率向量，将 Π 划分为 $\Pi=(\Pi_0, \Pi_1, \cdots, \Pi_K, \Pi_{K+1})$，其中 $\Pi_0 = \pi_{0,0,0}$，$\Pi_i=(\pi_{i,0,0}, \pi_{i,1,0}, \pi_{i,0,1}):1\leqslant i\leqslant K+1$。用 e 表示全为 1 的列向量，根据高斯-赛德尔法，通过对方程 $\Pi P=\Pi$，$\Pi e=1$ 采用迭代求解的方法，可以计算得到稳态分布 $\pi_{i,j,k}$ 的数值结果。

4.4 基于分级认知用户可调节接入控制的频谱分配策略的性能指标

在本节中，利用系统模型解析中得到的稳态分布，推导出一些重要的系统性能指标表达式。需要注意的是：一方面，本章提出的可调节接入控制机制主要是针对次级认知用户数据包的接入进行控制；另一方面，在所提出的可调节接入控制机制中，次级认知用户数据包的性能同时受到授权用户数据包和高级认知用户数据包的影响。因此，本节将重点分析次级认知用户的性能指标。本节首先推导出了总信道利用率的表达式，然后给出了次级认知用户的一些性能

指标表达式，如平均队长、接入率、阻塞率、中断率、吞吐量和平均延迟。

总信道利用率 δ 被定义为信道被占用的概率。当系统中没有数据包时，信道将是空闲的，不能得到利用。因此，可以得到总信道利用率 δ 的表达式：

$$\delta = 1 - \pi_{0,0,0} \tag{4-12}$$

次级认知用户的平均队长 $E[\text{SU2}]$ 定义为系统处于稳态时次级认知用户数据包的平均数量。根据稳态分布 $\pi_{i,j,k}$，可以得到次级认知用户的平均队长 $E[\text{SU2}]$ 的表达式：

$$E[\text{SU2}] = \sum_{i=0}^{K+1} i\pi_{i,0,0} + \sum_{i=1}^{K+1} (i-1)(\pi_{i,1,0} + \pi_{i,0,1}) \tag{4-13}$$

次级认知用户的接入率 ϕ 定义为单位时隙允许接入系统的新到达的次级认知用户数据包的数目。根据所提出的可调节接入控制机制中的接入概率 $q_i = 1/(i\tau+1)$，可得次级认知用户的接入率 ϕ 的表达式：

$$\phi = \lambda_{22}\pi_{0,0,0} + \sum_{i=1}^{K+1} \frac{\lambda_{22}}{\tau i + 1}(\pi_{i,0,0} + \pi_{i,1,0} + \pi_{i,0,1}) \tag{4-14}$$

次级认知用户的阻塞率 β 定义为单位时隙内允许接入系统但被系统阻塞的次级认知用户数据包的平均数量。在所提出的可调节接入控制机制下，一个次级认知用户数据包被允许接入系统之后，如果发现缓存已满，则该新到达的次级认知用户数据包将被系统阻塞而直接离开系统。因此，可得次级认知用户的阻塞率 β 的表达式：

$$\beta = \frac{\lambda_{22}}{\tau(K+1)+1}\left(\bar{\mu}_{22} + \mu_{22}(1 - \bar{\lambda}_1 \bar{\lambda}_{21})\right)\pi_{K+1,0,0} +$$

$$\frac{\lambda_{22}}{\tau(K+1)+1}\left(\bar{\mu}_{21} + \mu_{21}(1 - \bar{\lambda}_1 \bar{\lambda}_{21})\right)\pi_{K+1,1,0} + \qquad (4-15)$$

$$\frac{\lambda_{22}}{\tau(K+1)+1}\left(\bar{\mu}_1 + \mu_1(1 - \bar{\lambda}_1 \bar{\lambda}_{21})\right)\pi_{K+1,0,1}$$

次级认知用户的中断率 γ 定义为单位时隙内被授权用户数据包或高级认知用户数据包中断传输的次级认知用户数据包的平均数量。因此，次级认知用户的中断率 γ 的表达式为

$$\gamma = \sum_{i=1}^{K+1} \bar{\mu}_{22}(1 - \bar{\lambda}_1 \bar{\lambda}_{21})\pi_{i,0,0} \qquad (4-16)$$

次级认知用户的吞吐量 θ 定义为单位时隙内成功传输的次级认知用户数据包的平均数量。在所提出的可调节接入控制机制下，一个次级认知用户数据包想要成功传输，首先要能接入系统且未被系统阻塞，其次在传输过程中未被新到达的授权用户数据包或高级认知用户数据包中断。因此，次级认知用户的吞吐量 θ 的表达式为

$$\theta = \phi - \beta - \gamma \qquad (4-17)$$

次级认知用户的平均延迟 σ 定义为次级认知用户数据包从接入系统到该数据包离开系统的平均时间。参考 Little 公式，可得次级认知用户数据包的平均延迟的表达式为

$$\sigma = \frac{E[\text{SU2}]}{\phi - \beta} \qquad (4-18)$$

式中，$E[\text{SU2}]$ 为次级认知用户的平均队长。

4.5　基于分级认知用户可调节接入控制的频谱分配策略的实验分析

在本节中，基于系统的稳态分析及性能指标分析结果，通过数值实验展示了总信道利用率、次级认知用户的中断率、次级认知用户的吞吐量和次级认知用户的平均延迟的变化趋势，着重研究了调节因子对这些性能指标的影响。

在以下数值实验结果中，缓存容量 K 设置为 $K = 5$，授权用户、高级认知用户及次级认知用户数据包的服务率设置为 $\mu_1 = \mu_{21} = \mu_{22} = 0.5$。

图 4-2 显示了总信道利用率 δ 随调节因子 τ 的变化趋势。

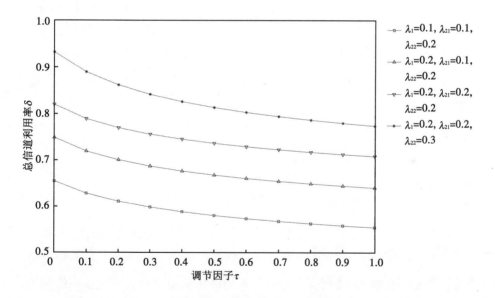

图 4-2　总信道利用率的变化趋势

由图 4-2 可知，一方面，随着调节因子的增加，总信道利用率会降低。这是因为随着调节因子的增加，控制次级认知用户数据包接入系统的接入概率会随之减小，这意味着次级认知用户数据包被允许接入系统的可能性将会减少。因此信道被次级认知用户数据包占用的可能性将降低，从而导致总信道利用率降低。

另一方面, 随着授权用户数据包、高级认知用户数据包或次级认知用户数据包到达率的增加, 总信道利用率也会增加。这是因为随着各类数据包到达率的增加, 系统中的各类数据包数量会增加, 那么信道被占用的可能性也会增加, 这将导致总信道利用率的增加。

图 4-3~图 4-5 显示了次级认知用户的中断率 γ、吞吐量 θ 和平均延迟 σ 随调节因子 τ 的变化趋势。

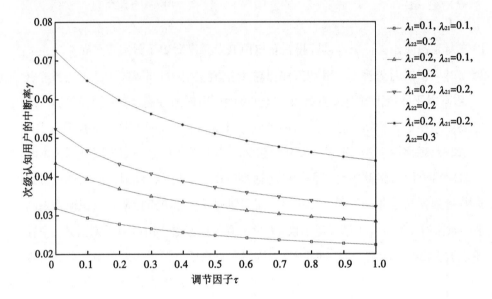

图 4-3 次级认知用户的中断率的变化趋势

由图 4-3~图 4-5 可知, 随着调节因子的增大, 次级认知用户的中断率、吞吐量和平均延迟均呈下降趋势。这是因为随着调节因子的增加, 次级认知用户数据包的接入概率会随之降低, 导致更多的次级认知用户数据包被系统拒绝, 进而导致系统中次级认知用户数据包的数量减少, 相应地被中断传输或完成传输的次级认知用户数据包数量均会减少。因此, 随着调节因子的增加, 次级认知用户数据包的中断率、吞吐量和平均延迟都会降低。

由图 4-3~图 4-5 可知, 当授权用户数据包的到达率或高级认知用户数据包的到达率增加时, 且级认知用户的中断率和平均延迟增加, 且次级认知用户的吞吐量减少。出现这种变化趋势的原因是随着授权用户数据包到达率或高级认知用户数据包到达率的增加, 有更多的授权用户数据包或高级认知用户数据

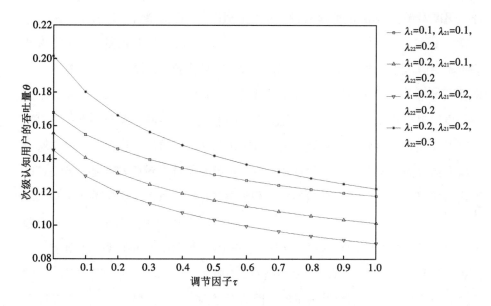

图 4-4　次级认知用户吞吐量的变化趋势

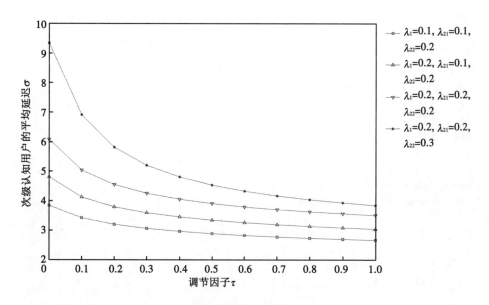

图 4-5　次级认知用户平均延迟的变化趋势

包到达系统。这也意味着次级认知用户数据包的传输被授权用户数据包或高级认知用户数据包中断的可能性增加，因此次级认知用户中断率将增大。同时，次级认知用户数据包占用信道进行传输的概率下降，更多的次级认知用户数据包将不得不在缓存区中等待，造成大量的次级认知用户数据包在系统中逗留，这将造成次级认知用户平均延迟的上升。而且，随着授权用户数据包到达率或高级认知用户数据包到达率的增加，次级认知用户数据包被系统成功传输的可能性会降低，因此，次级认知用户的吞吐量也会降低。

从图 4-3 ~ 图 4-5 可以看出：一方面，随着次级认知用户数据包到达率的增加，次级认知用户的中断率、吞吐量和平均延迟均有增加的趋势。这些变化趋势的原因是次级认知用户数据包到达率越高，则将有更多的次级认知用户数据包接入系统，更多的次级认知用户数据包将不得不在缓存区等待，造成较大的次级认知用户平均延迟。另一方面，随着系统中次级认知用户数据包数量的增加，次级认知用户数据包被成功传输的可能性也会增加。然而，随着系统中次级认知用户数据包的数量的增长，次级认知用户数据包占用信道传输的可能性增大，但次级认知用户数据包的传输被其他数据包中断的可能性也会增加。因此，随着次级认知用户数据包到达率的增加，次级认知用户的吞吐量和中断率都会增加。

值得注意的是，在数值实验中，当调节因子被设置为 0 时，即 $\tau = 0$ 时，可以显示传统的次级认知用户数据包不受接入控制的系统的相关性能指标。与传统的不含接入控制的机制相比，本章提出的可调节接入控制机制可以有效地降低次级认知用户的中断率和平均延迟。但是，次级认知用户的吞吐量有所下降。这意味着在所提出的可调节接入控制机制中，在牺牲了一定的次级认知用户吞吐量性能的基础上，有效降低了次级认知用户的传输中断率，并改善了次级认知用户的平均延迟性能。

因此，在实际的网络管理中，应根据不同的网络运行环境设置相应的调节因子。举例来说，对于吞吐量要求较高的认知无线网络，为了满足吞吐量需求，调节因子应该设置得更低。而对数据包的平均延迟较为敏感的认知无线网络，调节因子则应设置得相对较高。

4.6　针对调节因子的优化设置方案

由数值实验结果可知，随着调节因子的增加，次级认知用户的平均延迟会减小，这是系统运行中希望看到的结果。然而，对系统不利的是，随着调节因子的增加，次级认知用户的吞吐量将会下降。在认知无线网络相关研究中，吞吐量和平均延迟是评价系统性能最重要的两个性能指标。在本节中，考虑到次级认知用户的吞吐量和平均延迟相对于调节因子之间的平衡关系，建立了一个关于调节因子 τ 的收益函数 $B(\tau)$：

$$B(\tau) = C_1 \theta - C_2 \sigma \qquad\qquad (4\text{-}19)$$

式中，θ 为次级认知用户的吞吐量，σ 为次级认知用户的平均延迟，C_1 和 C_2 为收益函数 $B(\tau)$ 的影响因子。C_1 可以看作次级认知用户吞吐量的收益，C_2 可以看作次级认知用户在系统中逗留的成本。值得注意的是，在实际网络运行过程中，C_1 和 C_2 可以根据不同的网络需求进行设置。例如，对于吞吐量要求较高的网络，可以设置较高的 C_1；而对于延迟容忍度较低的网络，则应设置较高的 C_2。

由式（4-19）可以得到最优调节因子 τ^*：

$$\tau^* = \arg\max_{0 \leqslant \tau \leqslant 1} \{ B(\tau) \} \qquad\qquad (4\text{-}20)$$

由于收益函数 $B(\tau)$ 中次级认知用户的吞吐量 θ 和平均延迟 σ 的表达式均比较复杂，求取最优调节因子 τ^* 的精确解析结果是十分困难的。另外，又考虑到调节因子 τ 是一个连续型变量，所以可以引入最速下降法的优化思想[104]，得到一个近似最优解 τ^*。注意到调节因子 τ 取值范围是 $0 \leqslant \tau \leqslant 1$，优化目标是使得收益函数的取值最大化，而最速下降法却是一种无约束的最小化目标优化方法。在以下的优化过程中，为了在优化算法中使用最速下降法寻取最优调节因子, 需要进一步引入罚函数方法[104]。因此, 基于本节的优化目标, 首先需要构造罚函数 $F(\tau)$：

$$F(\tau) = -B(\tau) + \eta\omega(\tau) \qquad (4\text{-}21)$$

式中, $\eta(\eta>0)$ 被称为惩罚因子, $\omega(\tau)$ 被称为惩罚项。考虑调节因子 τ 的取值范围是 $0 \leq T \leq 1$, 可以得到惩罚项 $\omega(\tau)$：

$$\omega(\tau) = \frac{1}{\tau-0} + \frac{1}{1-\tau} \qquad (4\text{-}22)$$

利用罚函数 $F(\tau)$, 给出了获得最优调节因子 τ^* 的优化算法 4-1。

算法 4-1　求取最优调节因子 τ^* 的优化算法。

输入: C_1, C_2, K, λ_1, λ_{21}, λ_{22}, μ_1, μ_{21}, μ_{22}

输出: τ^*

开始:

① 令 $n=0$, 设置调节因子 τ 的初始值 τ_0

② 计算 $\tau_{n+1} = \tau_n - \psi \left. \dfrac{\mathrm{d}F(\tau)}{\mathrm{d}\tau} \right|_{\tau=\tau_n}$, 其中, ψ 为步长

③ 计算出 $|F(\tau_{n+1}) - F(\tau_n)|$ 和 $|\tau_{n+1} - \tau_n|$。如果 $|F(\tau_{n+1}) - F(\tau_n)| < \eth$ 同时满足 $|\tau_{n+1} - \tau_n| < \eth$, 其中, $\eth$ 为容忍度, 则跳转至第④步; 否则令 $n=n+1$, 重复第②步

④ 计算 $\eta\omega(\tau_n)$, 如果 $\eta\omega(\tau_n) < \eth$, 则跳转至第⑤步; 否则跳回至第①步, 并设置 $\tau_0 = \tau_n$, $\eta = \eta\vartheta$, 其中, ϑ 是惩罚因子 η 的下降系数

⑤ 得到 $\tau^* = \tau_n$, 并且计算出对应的 $B(\tau^*)$

⑥ 返回 τ^*

结束

在上述优化算法中, 步骤②~④中步长 ψ、下降系数 ϑ 和容忍度 $\eth$ 可根据优化算法的精度要求来进行设置。此外, 考虑收益函数公式的复杂性, 对第②

步中 $F(\tau)$ 的微分运算可以用数值近似表示：

$$\frac{dF(\tau)}{d\tau} \approx \frac{F(\tau+\zeta)-F(\tau)}{\zeta} \tag{4-23}$$

式中，ζ 是一个任意较小的数（如 $\zeta = 10^{-6}$）。

为了验证算法的可行性，参考性能指标数值实验中的相关参数设置，并在优化流程中设置 $C_1 = 113$，$C_2 = 3$，$K = 5/10$，可以得到在不同的缓存容量，以及不同的授权用户、高级认知用户和次级认知用户的数据包到达率下最优调节因子 τ^* 和最大收益 $B(\tau^*)$ 的数值结果，如表 4-1 所列。

表 4-1　最优调节因子和最大收益的数值结果

缓存容量 K	授权用户数据包的到达率 λ_1	高级认知用户数据包的到达率 λ_{21}	次级认知用户数据包的到达率 λ_{22}	最优调节因子 τ^*	最大收益 $B(\tau^*)$
5	0.1	0.1	0.2	0.0006	7.4084
5	0.2	0.1	0.2	0.1178	3.5230
5	0.2	0.2	0.2	0.3232	0.0113
5	0.2	0.2	0.3	0.5887	2.4589
10	0.1	0.1	0.2	0.0252	7.3280
10	0.2	0.1	0.2	0.1341	3.4942
10	0.2	0.2	0.2	0.3342	0.0031
10	0.2	0.2	0.3	0.6012	2.4494

由表 4-1 可知，当次级认知用户数据包的缓存容量 K 从 5 变化到 10 时，最优调节因子 τ^* 呈现明显增加的变化趋势。这是因为随着缓存容量的增加，更多的次级认知用户数据包可以进入缓存区等待传输，那么次级认知用户的平均延迟就会增加。为了减少次级认知用户的平均延迟，应该增加调节因子来控制次级认知用户数据包的系统接入，即降低次级认知用户数据包的接入概率，减少系统中逗留的次级认知用户数据包。

观察表 4-1 还可以发现，随着授权用户数据包到达率 λ_1 或高级认知用户数据包到达率 λ_{21} 的增加，最优调节因子 τ^* 也会增加。原因是随着授权用户数据包到达率或高级认知用户数据包到达率的增加，次级认知用户数据包被传输的可能性会降低，系统中会滞留大量的次级认知用户数据包。为了减少次级认知用户数据包的平均延迟，尽快消化逗留在系统中的次级认知用户数据包，只能减少新接入系统的次级认知用户数据包，因此，应设置更高的调节因子。

此外，通过表4-1可以得出结论，随着次级认知用户数据包到达率 λ_{22} 的增加，最优调节因子 τ^* 也会增加。这是因为随着次级认知用户数据包到达率的增加，系统中会有更多的次级认知用户数据包接入信道或在缓存区等待，这样造成大量的次级认知用户数据包在系统中逗留，造成了次级认知用户平均延迟的增大。为了控制次级认知用户数据包的接入，调节因子应该设置得更高。

4.7　本章小结

为了平衡系统中不同级别网络用户的服务质量，本章在含有分级认知用户的认知无线网络中，提出了一种面向次级认知用户的可调节接入控制机制。建立了一个带有多类顾客可调输入率的离散时间抢占优先权排队模型，以具体刻画所提出的可调节接入控制机制的工作原理。通过对系统模型进行稳态分析，得到了系统的总信道利用率，以及次级认知用户的中断率、吞吐量和平均延迟等性能指标表达式，并通过数值实验研究了调节因子对系统性能的影响。从数值实验结果可以看出，调节因子对系统性能有重要影响。与传统的不带接入控制的系统相比，本章提出的可调节接入控制机制可以有效地降低次级认知用户的中断率和平均延迟，一定程度上改善了次级认知用户的系统性能。最后，考虑次级认知用户的吞吐量和平均延迟之间的平衡关系，建立收益函数，并提出了一个针对调节因子的优化算法。

第 5 章 基于高级认知用户非抢占的频谱分配策略

5.1 引言

在现代通信网络中,为了以最低的成本传输更多的数据,必须进一步提高频谱利用率。认知无线网络技术是提高频谱利用率的有效途径之一,因而成为当前研究的热点。注意到在通信网络中有各种类型的数据,如实时数据和非实时数据。实时数据要求更高的优先级,因此,对认知无线网络中的认知用户进行分级也是十分必要的。在目前已有的含有两级认知用户(高级认知用户和次级认知用户)的认知无线网络相关研究[71, 93-95]中,次级认知用户的优先级最低,其传输随时会被授权用户和高级认知用户中断,造成次级认知用户性能的下降。因此,有必要对分级认知用户之间的抢占行为进行合理控制,以平衡系统中各类用户的系统性能。

为了在一定程度上保证次级认知用户的传输连续性,并考虑高级认知用户的相对优先权,本章提出了一种基于高级认知用户非抢占的频谱分配策略。在该频谱分配策略中,授权用户具有绝对优先权,可以中断高级认知用户和次级认知用户的传输,抢占信道。对高级认知用户引入非抢占机制,即一个新到达系统的高级认知用户数据包不会中断次级认知用户数据包的传输。通过构造一个带有多类顾客无限等待空间的离散时间非抢占优先权排队模型并进行解析,分别给出了高级认知用户和次级认知用户的一些性能指标表达式。通过数值实验研究了高级认知用户和次级认知用户的性能变化趋势,并对所提出的基于高级认知用户非抢占机制与传统高级认知用户抢占机制的系统性能进行了对比。在基于高级认知用户非抢占的频谱分配策略下,为了优化次级认知用户数据包的系统接入行为，针对次级认知用户接入行为进行了博弈分析。

🔲 5.2　基于高级认知用户非抢占的频谱分配策略描述

本章面向一种含有单信道的认知无线网络展开研究。考虑到通信网络中数据类型的差异性，将系统中的认知用户分为高级认知用户（SU1）和次级认知用户（SU2）两类。授权用户数据包的优先权最高，高级认知用户数据包比次级认知用户数据包具有更高的优先权。考虑到次级认知用户数据包的优先级最低，为次级认知用户数据包设置一个容量无限的缓存区，以降低次级认知用户数据包丢失的可能性，并将这个缓存区命名为"次级认知用户缓存"。

授权用户数据包在系统中拥有最高的优先级，当一个授权用户数据包到达系统时，如果信道被另一个授权用户数据包占用，这个新到达的授权用户数据包将离开系统去寻找另一条可用信道。如果信道被一个高级认知用户数据包占用，则该高级认知用户数据包的传输将被新到达的授权用户数据包中断，并且被中断传输的高级认知用户数据包将离开系统寻找另一条可用信道。如果信道被一个次级认知用户数据包占用，该次级认知用户数据包的传输也将被授权用户数据包中断，并且被中断传输的次级认知用户数据包将返回次级认知用户缓存排队等待。

高级认知用户数据包比次级认知用户数据包具有更高的访问信道的优先级。例如，当高级认知用户数据包和次级认知用户数据包同时到达系统时（在没有任何授权用户数据包到达的情况下），如果信道空闲，则新到达的高级认知用户数据包将占用信道进行数据传输，而新到达的次级认知用户数据包必须在次级认知用户的缓存区中排队。

次级认知用户数据包的优先级最低，当一个次级认知用户数据包到达系统时，如果发现信道被其他数据包占用，则该新到达的次级认知用户数据包需要先接入次级认知用户缓存，排在缓存队列队尾等待传输。

考虑到高级认知用户的相对优先权，本章提出了一种基于高级认知用户非抢占机制。在次级认知用户数据包传输过程中，当高级认知用户数据包到达系统（没有授权用户数据包同时到达）时，新到达的高级认知用户数据包不会中断次级认知用户数据包的传输，而是离开系统寻找其他可用信道。这种非抢占式机制可以有效地保证次级认知用户数据包的传输连续性，降低次级认知用户数据传输的中断率。值得注意的是，这种非抢占式方案可以应用于一些基于频谱租赁的认知无线网络中。例如，为了获得一些租金回报，高级认知用户数据包可以向次级认知用户数据包出租它们自己的信道资源。在这种情况下，高级认知用户数据包必须保证次级认知用户数据包的传输连续性，不能中断正在传输的次级认知用户数据包。当然，有关高级认知用户数据包和次级认知用户数据包之间的频谱租赁机制并不是本章的研究内容。

5.3　基于高级认知用户非抢占的系统模型

将系统中的授权用户数据包、高级认知用户数据包和次级认知用户数据包分别抽象为排队模型中的三类具有不同优先权的顾客，将容量无限的次级认知用户缓存抽象为无限等待空间，基于上述高级认知用户非抢占机制，本章建立了一个带有多类顾客无限等待空间的离散时间非抢占优先权排队模型。

将系统模型抽象为一个具有时隙结构的早到系统，时间轴按 $t = 1, 2, \cdots$ 进行标记。以 $t = n$ 为例，数据包在时隙的开始瞬间 [在间隔 (n, n^+)] 到达，并且在时隙结束之前 [在间隔 (n^-, n)] 离开。

假设授权用户数据包、高级认知用户数据包和次级认知用户数据包的到达间隔分别服从参数为 $\lambda_1(0 < \lambda_1 < 1, \bar{\lambda}_1 = 1 - \lambda_1)$，$\lambda_{21}(0 < \lambda_{21} < 1, \bar{\lambda}_{21} = 1 - \lambda_{21})$，$\lambda_{22}$ $(0 < \lambda_{22} < 1, \bar{\lambda}_{22} = 1 - \lambda_{22})$ 的几何分布。

此外，假设授权用户数据包、高级认知用户数据包和次级认知用户数据包的传输时间分别遵循参数为 $\mu_1(0 < \mu_1 < 1, \bar{\mu}_1 = 1 - \mu_1)$，$\mu_{21}(0 < \mu_{21} < 1, \bar{\mu}_{21} = 1 - \mu_{21})$，$\mu_{22}(0 < \mu_{22} < 1, \bar{\mu}_{22} = 1 - \mu_{22})$ 的几何分布。

令 $L_n^{(1)}$，$L_n^{(21)}$，$L_n^{(22)}$ 分别表示在时刻 $t = n^+$，系统中授权用户数据包、高级认知用户数据包和次级认知用户数据包的数量，则 $\{L_n^{(22)}, L_n^{(21)}, L_n^{(1)}\}$ 可以构成一个三维马尔可夫链。该三维马尔可夫链的状态空间 Ω 可以表示为

$$\boldsymbol{\Omega} = \{(i, 0, 0) \cup (i, 0, 1) \cup (i, 1, 0) : 0 \leqslant i \leqslant \infty\} \qquad (5-1)$$

根据高级认知用户的非抢占机制的工作流程，可以给出马尔可夫链第一维度中次级认知用户数据包数量的状态转移图，如图 5-1 所示。

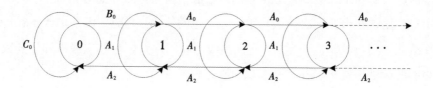

图 5-1 次级认知用户数据包数量的状态转移图

设 $\boldsymbol{P}$ 为三维马尔可夫链 $\{L_n^{(22)}, L_n^{(21)}, L_n^{(1)}\}$ 的状态转移概率矩阵。根据马尔可夫链的各状态转移，可根据块状结构形式给出 $\boldsymbol{P}$，转移概率矩阵 $\boldsymbol{P}$ 的具体形式如式(5-2)所列。特别地，为了明确反映本章所提出的高级认知用户非抢占机制与传统抢占机制的区别，在下述系统模型分析及性能指标评估中，分别考虑了非抢占机制与抢占机制两种情况。

$$\boldsymbol{P} = \begin{pmatrix} \boldsymbol{C}_0 & \boldsymbol{B}_0 & & \\ \boldsymbol{A}_2 & \boldsymbol{A}_1 & \boldsymbol{A}_0 & \\ & \boldsymbol{A}_2 & \boldsymbol{A}_1 & \boldsymbol{A}_0 \\ & & \ddots & \ddots & \ddots \end{pmatrix} \qquad (5-2)$$

$\boldsymbol{P}$ 中的每个非零子块是一个 3×3 的方阵。在如下讨论中，使用上划线符号来表示互补事件的概率，如 $\bar{\lambda}_1 = 1 - \lambda_1$。此外，为了公式的简洁性，在下列矩阵表示中引入符号 $\zeta = \lambda_{21}\mu_{21} + \bar{\mu}_{21}$ 和 $\vartheta = \lambda_{22}\mu_{22} + \bar{\lambda}_{22}\bar{\mu}_{22}$。

(1) $\boldsymbol{C}_0$ 是系统中次级认知用户数据包数量固定为 0 的一步转移概率矩阵。$\boldsymbol{C}_0$ 可由式(5-3)给出：

$$\boldsymbol{C}_0 = \bar{\lambda}_{22}\boldsymbol{U} \qquad (5-3)$$

在式(5-3)中，U 可表示为

$$U = \begin{pmatrix} \bar{\lambda}_1 \bar{\lambda}_{21} & \lambda_1 & \bar{\lambda}_1 \lambda_{21} \\ \bar{\lambda}_1 \bar{\lambda}_{21} \mu_1 & \lambda_1 \mu_1 + \bar{\mu}_1 & \bar{\lambda}_1 \lambda_{21} \mu_1 \\ \bar{\lambda}_1 \bar{\lambda}_{21} \mu_{21} & \lambda_1 & \bar{\lambda}_1 \zeta \end{pmatrix} \quad (5\text{-}4)$$

（2）B_0 是系统中次级认知用户数据包数量从 0 增加到 1 的一步转移概率矩阵。B_0 可由式(5-5)给出：

$$B_0 = \lambda_{22} U \quad (5\text{-}5)$$

（3）A_2 是系统中次级认知用户数据包数量从 i 减少到 $i-1$ 的一步转移概率矩阵，其中，i 是一个不小于 1 的整数。A_2 可由式(5-6)给出：

$$A_2 = \mu_{22} \bar{\lambda}_{22} V \quad (5\text{-}6)$$

在式(5-6)中，V 可表示为

$$V = \begin{pmatrix} \bar{\lambda}_1 \bar{\lambda}_{21} & \lambda_1 & \bar{\lambda}_1 \lambda_{21} \\ 0 & 0 & 0 \\ 0 & 0 & 0 \end{pmatrix} \quad (5\text{-}7)$$

（4）A_1 是系统中次级认知用户数据包数量固定在 i 的一步转移概率矩阵，其中，i 是一个不小于 1 的整数。对于传统高级认知用户抢占机制，A_1 可表示为

$$A_1 = \begin{pmatrix} \bar{\lambda}_1 \bar{\lambda}_{21} \vartheta & \lambda_1 \vartheta & \bar{\lambda}_1 \lambda_{21} \vartheta \\ \bar{\lambda}_{22} \bar{\lambda}_1 \bar{\lambda}_{21} \mu_1 & \bar{\lambda}_{22}(\lambda_1 \mu_1 + \bar{\mu}_1) & \bar{\lambda}_{22} \bar{\lambda}_1 \lambda_{21} \mu_1 \\ \bar{\lambda}_{22} \bar{\lambda}_1 \bar{\lambda}_{21} \mu_{21} & \bar{\lambda}_{22} \lambda_1 & \bar{\lambda}_{22} \bar{\lambda}_1 \zeta \end{pmatrix} \qquad (5-8)$$

对于本章所提出的高级认知用户非抢占机制，A_1 可表示

$$A_1 = \begin{pmatrix} \bar{\lambda}_1(\bar{\lambda}_{22}\bar{\mu}_{22} + \lambda_{22}\mu_{22} \bar{\lambda}_{21}) & \lambda_1 \vartheta & \bar{\lambda}_1 \lambda_{21} \lambda_{22} \mu_{22} \\ \bar{\lambda}_{22} \bar{\lambda}_1 \bar{\lambda}_{21} \mu_1 & \bar{\lambda}_{22}(\lambda_1 \mu_1 + \bar{\mu}_1) & \bar{\lambda}_{22} \bar{\lambda}_1 \lambda_{21} \mu_1 \\ \bar{\lambda}_{22} \bar{\lambda}_1 \bar{\lambda}_{21} \mu_{21} & \bar{\lambda}_{22} \lambda_1 & \bar{\lambda}_{22} \bar{\lambda}_1 \zeta \end{pmatrix} \quad (5-9)$$

(5) A_0 是系统中次级认知用户数据包数量从 i 增加到 $i+1$ 的一步转移概率矩阵，其中，i 是一个不小于 1 的整数。A_0 可由式 (5-10) 给出：

$$A_0 = \lambda_{22} W \qquad (5-10)$$

对于传统高级认知用户抢占机制，W 可表示为

$$W = \begin{pmatrix} \bar{\lambda}_1 \bar{\lambda}_{21} \bar{\mu}_{22} & \lambda_1 \bar{\mu}_{22} & \bar{\lambda}_1 \lambda_{21} \bar{\mu}_{22} \\ \bar{\lambda}_1 \bar{\lambda}_{21} \mu_1 & \lambda_1 \mu_1 + \bar{\mu}_1 & \bar{\lambda}_1 \lambda_{21} \mu_1 \\ \bar{\lambda}_1 \bar{\lambda}_{21} \mu_{21} & \lambda_1 & \bar{\lambda}_1 \zeta \end{pmatrix} \qquad (5-11)$$

对于本章所提出的高级认知用户非抢占机制，W 可表示为

$$W = \begin{pmatrix} \bar{\mu}_{22} \bar{\lambda}_1 & \bar{\mu}_{22} \lambda_1 & 0 \\ \bar{\lambda}_1 \bar{\lambda}_{21} \mu_1 & \lambda_1 \mu_1 + \bar{\mu}_1 & \bar{\lambda}_1 \lambda_{21} \mu_1 \\ \bar{\lambda}_1 \bar{\lambda}_{21} \mu_{21} & \lambda_1 & \bar{\lambda}_1 \zeta \end{pmatrix} \qquad (5-12)$$

$\{L_n^{(22)}, L_n^{(21)}, L_n^{(1)}\}$ 的稳态分布定义为

$$\pi_{i,j,k} = \lim_{n\to\infty} P\{L_n^{(22)} = i, L_n^{(21)} = j, L_n^{(1)} = k\} \tag{5-13}$$

其中，$0 \leqslant i \leqslant \infty$，$j = 0, 1$，$k = 0, 1$。此外，$j$ 和 k 不能同时等于 1。

由转移概率矩阵 P 的结构可知，三维马尔可夫链遵循拟生灭过程。利用文献 [84] 中介绍的矩阵几何解法，可以求得式（5-13）中定义的稳态分布数值结果。

5.4　基于高级认知用户非抢占的频谱分配策略的性能指标

在本小节中，利用稳态分布给出了系统模型的一些重要性能指标。信道利用率可以用来评价系统运行的有效性，阻塞率反映系统的拥挤程度，中断率反映了网络用户数据传输的稳定性，吞吐量反映网络传输能力与效率，平均延迟反映网络传输的时效。在实际应用中，利用这些性能指标，可以对网络性能进行综合的数值评估。

将信道利用率 ξ 定义为信道被占用的概率。在本章中，信道利用率 ξ 的表达式为

$$\xi = 1 - \pi_{0,0,0} \tag{5-14}$$

将高级认知用户的阻塞率 β_{21} 定义为每个时隙系统阻塞的新到达的高级认知用户数据包数量。对于高级认知用户抢占机制，当信道被授权用户数据包或另一个高级认知用户数据包占用时，新到达的高级认知用户数据包将被系统阻塞。对于高级认知用户非抢占机制，只要信道被占用，新到达的高级认知用户数据包就会被系统阻塞。因此，式（5-15）和式（5-16）分别给出了两种机制下

的高级认知用户阻塞率 β_{21} 的表达式。

对于传统高级认知用户抢占机制，阻塞率 β_{21} 的表达式为

$$
\beta_{21} = \lambda_{21}\Big(\lambda_1 \sum_{i=0}^{\infty} \pi_{i,0,0} + \sum_{i=0}^{\infty} (\bar{\mu}_{21} + \mu_{21}\lambda_1)\pi_{i,1,0}\Big) +
$$
$$
\lambda_{21} \sum_{i=0}^{\infty} (\bar{\mu}_1 + \mu_1\lambda_1)\pi_{i,0,1} \tag{5-15}
$$

对于本章所提出的高级认知用户非抢占机制，阻塞率 β_{21} 的表达式为

$$
\beta_{21} = \lambda_{21}\lambda_1\pi_{0,0,0} + \lambda_{21} \sum_{i=1}^{\infty} \pi_{i,0,0}(\bar{\mu}_{22} + \mu_{22}\lambda_1) +
$$
$$
\lambda_{21}\Big(\sum_{i=0}^{\infty} (\bar{\mu}_{21} + \mu_{21}\lambda_1)\pi_{i,1,0} + \sum_{i=0}^{\infty} (\bar{\mu}_1 + \mu_1\lambda_1)\pi_{i,0,1}\Big) \tag{5-16}
$$

将高级认知用户的中断率 γ_{21} 定义为单个时隙被授权用户数据包中断传输的高级认知用户数据包数量。对于传统高级认知用户抢占机制和本章所提出的高级认知用户非抢占机制，高级认知用户的中断率 γ_{21} 的表达式相同，具体形式为

$$
\gamma_{21} = \sum_{i=0}^{\infty} \pi_{i,1,0}\bar{\mu}_{21}\lambda_1 \tag{5-17}
$$

将次级认知用户中断率 γ_{22} 定义为单个时隙被中断传输的次级认知用户数据包数量。在传统高级认知用户抢占机制中，次级认知用户数据包的传输可以被授权用户数据包或高级认知用户数据包中断。在本章所提出的高级认知用户非抢占机制中，次级认知用户数据包的传输只能被授权用户数据包中断。因此，式(5-18)和式(5-19)分别给出了两种机制下的次级认知用户中断率 γ_{22} 的

表达式。

对于传统高级认知用户抢占机制，次级认知用户中断率 γ_{22} 的表达式为

$$\gamma_{22} = \sum_{i=1}^{\infty} \pi_{i,0,0} \bar{\mu}_{22}(1 - \bar{\lambda}_1 \bar{\lambda}_{21}) \tag{5-18}$$

对于本章所提出的高级认知用户非抢占机制，次级认知用户中断率 γ_{22} 的表达式为

$$\gamma_{22} = \sum_{i=1}^{\infty} \pi_{i,0,0} \bar{\mu}_{22} \lambda_1 \tag{5-19}$$

将高级认知用户的吞吐量 θ_{21} 定义为单位时隙成功传输的高级认知用户数据包数量。当且仅当一个高级认知用户数据包接入系统时未被阻塞且传输过程中未被中断，则该高级认知用户的数据包才能成功传输。因此，高级认知用户吞吐量 θ_{21} 的表达式为

$$\theta_{21} = \lambda_{21} - \beta_{21} - \gamma_{21} \tag{5-20}$$

将次级认知用户平均延迟 δ_{22} 定义为从次级认知用户数据包到达系统到该数据包成功传输完成离开系统的平均时间。通过参考 Little 公式，次级认知用户平均延迟 δ_{22} 可由式(5-21)给出：

$$\delta_{22} = \frac{E[L^{(22)}]}{\lambda_{22}} \tag{5-21}$$

其中，$E[L^{(22)}]$ 是稳态下系统中次级认知用户数据包数量的平均数。$E[L^{(22)}]$ 的表达式为

$$E[L^{(22)}] = \sum_{i=0}^{\infty} i(\pi_{i,0,0} + \pi_{i,1,0} + \pi_{i,0,1}) \qquad (5-22)$$

5.5　基于高级认知用户非抢占的频谱分配策略的实验分析

　　本小节重点比较了传统高级认知用户抢占机制与本章所提出的高级认知用户非抢占机制下的不同系统性能指标，包括信道利用率、高级认知用户和次级认知用户的中断率、高级认知用户的吞吐量，以及次级认知用户的平均延迟。

　　在下述数值实验中，不失一般性，授权用户数据包、高级认知用户数据包和次级认知用户数据包的服务率均被设定为 0.5。此外，考虑到次级认知用户数据包的优先级最低，次级认知用户数据包的到达不会中断授权用户数据包或高级认知用户数据包正在进行的数据传输。因此，在接下来的数值实验参数设置中，假设次级认知用户数据包的到达率 λ_{22} 为定值，即 $\lambda_{22}=0.1$。特别地，在数值实验图中传统高级认知用户抢占机制以"Scheme Ⅰ"标示，本章所提出的高级认知用户非抢占机制以"Scheme Ⅱ"标示。

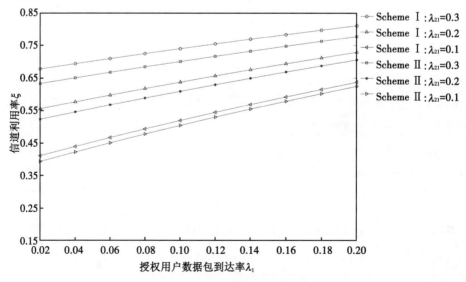

图 5-2　信道利用率的变化趋势

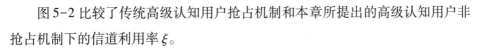

图 5-2 比较了传统高级认知用户抢占机制和本章所提出的高级认知用户非抢占机制下的信道利用率 ξ。

从图 5-2 可以看出，随着授权用户数据包到达率的增加，信道利用率将呈现增加的趋势。另一个重要的观察结果是，较大的高级认知用户数据包到达率可以进一步提高信道利用率。上述两个变化趋势的原因是，随着授权用户数据包或高级认知用户数据包到达率的增加，更多的授权用户数据包或高级认知用户数据包将被接入系统进行数据传输，系统中的授权用户数据包或高级认知用户数据包的传输需求增加，信道被授权用户数据包或高级认知用户数据包占用的概率上升，信道利用率上升。

比较图 5-2 中传统高级认知用户抢占机制和本章所提出的高级认知用户非抢占机制的信道利用率时可以发现，传统高级认知用户抢占机制下可以实现更高的信道利用率。这是因为在高级认知用户非抢占机制下，如果信道正被次级认知用户数据包占用，则新到达的高级认知用户数据包在到达时刻会离开系统。然而，在传统高级认知用户抢占机制中，这些高级认知用户数据包将抢占由次级认知用户数据包占用的信道，并且被中断传输的次级认知用户数据包将回到缓存区中排队等待传输。因此，在传统高级认知用户抢占机制中，信道处于空闲的可能性较小，这也就造成了信道利用率的提高。

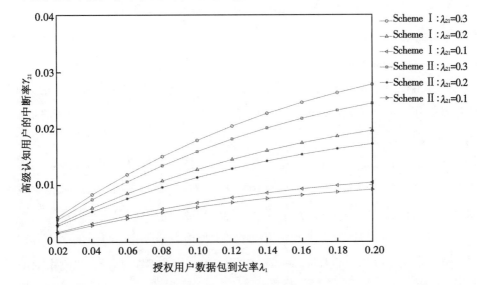

图 5-3　高级认知用户中断率的变化趋势

图 5-3 比较了传统高级认知用户抢占机制和本章所提出的高级认知用户非抢占机制下的高级认知用户的中断率 γ_{21}。

一方面，从图 5-3 可以观察到高级认知用户的中断率会随着授权用户数据包到达率的增加而增加。这是因为随着授权用户数据包到达率的增加，高级认知用户数据包的传输被授权用户数据包中断的可能性将更高，并且这将增加高级认知用户的中断率。

另一方面，如图 5-3 所示，高级认知用户的中断率会随着高级认知用户数据包到达率的增加而增加。原因是高级认知用户数据包的到达率越大，高级认知用户数据包占用信道的概率越大，其传输被中断的可能性也越大，这将导致高级认知用户的中断率的增高。

此外，在相同的参数设置下，传统高级认知用户抢占机制中的高级认知用户的中断率高于本章所提出的高级认知用户非抢占机制中的高级认知用户的中断率。其原因是在高级认知用户抢占机制中，新到达的高级认知用户数据包可以中断信道上的次级认知用户数据包的传输。换句话说，在高级认知用户抢占机制下，高级认知用户数据包占用信道的可能性更高，并且高级认知用户数据包的传输被授权用户数据包中断的可能性也将更高。因此，在高级认知用户抢占机制中高级认知用户的中断率更高。

图 5-4 比较了传统高级认知用户抢占机制和本章所提出的高级认知用户非抢占机制下的次级认知用户的中断率 γ_{22}。

一方面，从图 5-4 中可以发现，随着授权用户数据包到达率的增加，次级认知用户的中断率呈现出增加的趋势。这是因为授权用户数据包到达率越大，次级认知用户数据包的传输被中断的可能性越高，因此次级认知用户的中断率越高。

另一方面，图 5-4 显示出，在传统高级认知用户抢占机制中，高级认知用户数据包到达率的增加导致次级认知用户数据包中断率的增加。这是因为在高级认知用户抢占机制中，新到达的高级认知用户数据包可以中断次级认知用户数据包的传输，这将导致次级认知用户中断率的增高。

随着高级认知用户数据包到达率的增加，高级认知用户非抢占机制中的次级认知用户数据包中断率将不受影响。这是因为在高级认知用户非抢占机制中，新到达的高级认知用户数据包不会中断次级认知用户数据包的传输，因此高级认知用户数据包的到达率不会影响次级认知用户的中断率。

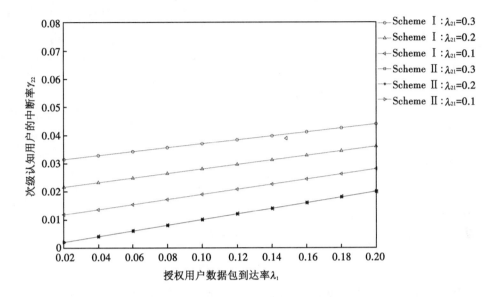

图 5-4　次级认知用户的中断率的变化趋势

此外，相比于本章所提出的高级认知用户非抢占机制，高级认知用户抢占机制下的次级认知用户的中断率更高。这是因为，在高级认知用户抢占机制下，高级认知用户数据包可以中断次级认知用户数据包的传输，这样次级认知用户数据包的传输被中断的可能性更高，因此次级认知用户的中断率更高。

图 5-5 比较了传统高级认知用户抢占机制和本章所提出的高级认知用户非抢占机制下的高级认知用户的吞吐量 θ_{21}。

一方面，从图 5-5 可以观察到，高级认知用户的吞吐量随着授权用户数据包到达率的增加而连续下降。这是因为随着授权用户数据包到达率的增加，高级认知用户数据包占用信道的可能性将降低，成功传输的可能性也随之降低，这将降低高级认知用户的吞吐量。

另一方面，如图 5-5 所示，高级认知用户的吞吐量随着高级认知用户数据包到达率的增加而增加。其原因是高级认知用户数据包的到达率越高，接入信道并成功传输的高级认知用户数据包就越多，这样高级认知用户的吞吐量将越大。

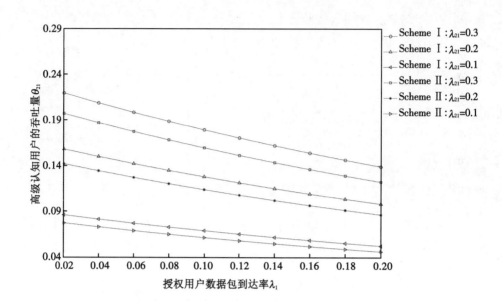

图 5-5　高级认知用户的吞吐量的变化趋势

此外，对于相同的参数设置，传统高级认知用户抢占机制中的高级认知用户的吞吐量大于高级认知用户非抢占机制中的高级认知用户的吞吐量。这是因为在传统高级认知用户抢占机制中，新到达的高级认知用户数据包可以中断次级认知用户数据包的传输并占用信道。换句话说，在传统高级认知用户抢占机制中，高级认知用户数据包占用信道并成功传输的可能性更高。因此，传统高级认知用户抢占机制中的高级认知用户的吞吐量大于高级认知用户非抢占机制中的高级认知用户的吞吐量。

图 5-6 比较了传统高级认知用户抢占机制和本章所提出的高级认知用户非抢占机制下的次级认知用户的平均延迟 δ_{22}。

从图 5-6 中可以发现，随着授权用户数据包到达率（或高级认知用户数据包到达率）的增加，次级认知用户的平均延迟也将增加。这是因为随着授权用户数据包到达率（或高级认知用户数据包到达率）的增加，次级认知用户数据包占用信道的可能性将降低，于是更多的次级认知用户数据包必须在次级认知用户的缓存区中逗留。因此，次级认知用户的平均延迟将更高。

从图 5-6 中还发现，传统高级认知用户抢占机制中的次级认知用户的平均延迟明显高于本章所提出的高级认知用户非抢占机制中的次级认知用户的平均

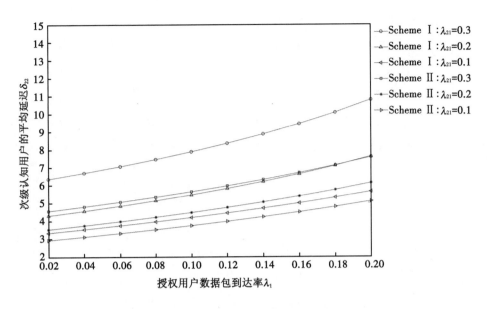

图 5-6　次级认知用户的平均延迟的变化趋势

延迟。其原因是在高级认知用户非抢占机制中，新到达的高级认知用户数据包不会中断次级认知用户数据包的传输，并且高级认知用户非抢占机制中次级认知用户数据包可以被更高效地传输。因此，高级认知用户非抢占机制中的次级认知用户的平均延迟比传统高级认知用户抢占机制中的低，这说明本章所提出的高级认知用户非抢占机制可以有效降低次级认知用户的平均延迟。

5.6　高级认知用户非抢占机制下次级认知用户接入行为优化

在高级认知用户非抢占机制下，次级认知用户数据包占用信道的优先级最低，新到达的次级认知用户数据包或被授权用户中断传输的次级认知用户数据包必须在次级认知用户缓存中等待。当缓存内的数据包队列长度较长时，新到达的次级认知用户数据包必须等待较长的时间才能完成传输。因此，有必要对次级认知用户数据包的系统接入行为进行优化。在这一部分中，根据纳什均衡理论，分别从个人最优与社会最优来讨论次级认知用户数据包的接入行为。

首先给出如下假设：

（1）当次级认知用户数据包到达系统时，它可以决定是否接入系统。但是这个次级认知用户数据包在做出决定之前不能观察到系统中的数据包数量。此外，接入系统的决定是不可撤销的，且不允许背弃。

（2）一个成功传输的次级认知用户数据包的奖励是 R。

（3）当次级认知用户数据包选择接入系统时，每个时隙留在系统中的次级认知用户数据包的成本是 T。

（4）次级认知用户数据包的潜在到达率表示为 Λ。

关于上述假设的一些补充说明如下。首先，禁止次级认知用户数据包撤销已做的决定可以保证优化结果的公平性和准确性。其次，当次级认知用户数据包决定接入系统时，在系统中逗留将产生成本。如果次级认知用户数据包完成了它的传输，那么它将得到一个奖励。因此，为了量化后续优化中次级认知用户数据包的奖励和成本，引入了符号 R 和 T。最后，由于并非所有到达的次级认知用户数据包都选择接入系统，所以引入符号 Λ 作为次级认知用户数据包的潜在到达率，以区别于次级认知用户数据包的实际接入率。

根据上述假设可得出结论，即优化模型的关键问题是一个新到达的次级认知用户数据包是否决定接入系统。因此，在最优策略中引入概率 $q(0 \leqslant q \leqslant 1)$ 表示次级认知用户数据包确定接入系统的概率。

5.6.1　个人最优策略

在本小节中，讨论次级认知用户数据包的个人最优策略。首先对于接入系统的单个次级认知用户数据包，定义了个人收益函数 $W_I(\lambda_{22})$：

$$W_I(\lambda_{22}) = R - \delta_{22}T \tag{5-23}$$

其中，δ_{22} 是系统中次级认知用户数据包的平均延迟。进一步定义 q_e 表示个人最优接入概率，并且 $\lambda_e = q_e\Lambda$ 表示个人最优接入率。

鉴于式（5-23）的复杂性，很难直接通过公式本身推测其变化趋势。因此，本节将通过数值实验研究 $W_I(\lambda_{22})$ 的变化趋势。以 $\Lambda = 0.2$，$R = 20$，$T = 2$ 为例，图 5-7 展示了个人收益函数 $W_I(\lambda_{22})$ 随着次级认知用户数据包到达率 λ_{22} 的变化趋势。

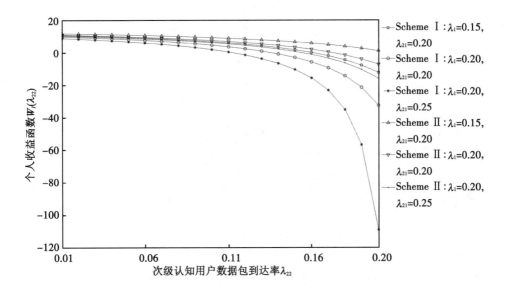

图 5-7　个人收益函数的变化趋势

从图 5-7 可以发现，随着次级认知用户数据包到达率的增加，个人收益函数单调减小。基于这种变化趋势，从以下两个方面讨论次级认知用户的个人最优策略（不失一般性，假设 $\lim\limits_{\lambda_{22} \to 0^+} W_I(\lambda_{22}) > 0$）。

若 $W_I(\Lambda) \geqslant 0$，意味着即使所有次级认知用户数据包都选择接入系统，个人收益也不会为负。也就是说，不管其他次级认知用户数据包做出什么决定，一个次级认知用户数据包的最佳接入行为就是尝试接入系统。在这种情况下，最优接入概率 $q_e = 1$，相应的最优接入率为 $\lambda_e = \Lambda$。

若 $W_I(\Lambda) < 0$，当所有次级认知用户数据包接入系统时，个人收益为负。在这种情况下，如果 $q_e = 1$，那么接入系统的次级认知用户数据包将获得负的收益；如果 $q_e = 0$，因为 $\lim\limits_{\lambda_{22} \to 0^+} W_I(\lambda_{22}) > 0$ 访问系统的次级认知用户数据包将获得正收益，这是比不访问更好的决定。显然，上述两种情况都不是均衡策略。因此，基于纳什均衡理论，存在唯一的个人最优接入概率 $q_e = \lambda_e / \Lambda$ 以实现纳什均衡，

其中均衡接入率 λ_e 是通过求解 $W_I(\lambda_e)=0$ 得到的。

根据图 5-7 所示的结果，可以总结出个人最优接入率和个人最优接入概率，如表 5-1 所列。

表 5-1 个人最优策略下的数值结果

	授权用户数据包的到达率 λ_1	高级认知用户数据包的到达率 λ_{21}	个人最优接入率 λ_e		个人最优接入概率 q_e	
			最小值	最大值	最小值	最大值
高级认知用户	0.15	0.20	0.16	0.17	0.80	0.85
抢占机制	0.20	0.20	0.13	0.14	0.65	0.70
Scheme Ⅰ	0.20	0.25	0.11	0.12	0.55	0.60
高级认知用户	0.15	0.20	0.20	0.20	1.00	1.00
非抢占机制	0.20	0.20	0.17	0.18	0.85	0.90
Scheme Ⅱ	0.20	0.25	0.15	0.16	0.75	0.80

在图 5-7 中，很难直接通过图中显示的数据得到最优接入率的精确解。考虑到个人收益函数的单调递减性和图 5-7 中次级认知用户数据包到达率的精度为 0.01，在表 5-1 中给出了个人最优策略下的接入率和接入概率的取值范围。以图 5-7 中的高级认知用户抢占机制（Scheme Ⅰ）为例，当 $\lambda_1=0.15$ 和 $\lambda_{21}=0.2$ 时，可以发现，使得 $W_I(\lambda_e)=0$ 成立的 λ_e 为 $[0.16,0.17]$。因此，在表 5-1 中，个人最优接入率的下边界值标记为 0.16，个人最优接入率的上边界值标记为 0.17。

由表 5-1 可知，高级认知用户抢占机制（Scheme Ⅰ）下的个人最优接入率和个人最优接入概率均小于高级认知用户非抢占机制（Scheme Ⅱ）。这是因为 Scheme Ⅰ 下的次级认知用户数据包的平均延迟比 Scheme Ⅱ 下的长，且次级认知用户数据包的传输会被高级认知用户数据包中断。为了避免获得负收益，Scheme Ⅰ 下的个人最优接入率和个人最优接入概率都较低。

5.6.2 社会最优策略

接下来重点讨论次级认知用户的社会最优策略。社会最优策略的目标是最大化社会总体的收益。因为每个时隙到达系统的次级认知用户数据包的平均数量是 λ_{22},个人收益函数的公式为 $R-\delta_{22}T$,因此可以定义社会收益函数 $W_S(\lambda_{22})$ 为

$$W_S(\lambda_{22}) = \lambda_{22}(R-\delta_{22}T) \tag{5-24}$$

因此,实现最大社会收益的次级认知用户数据包的社会最优接入率 λ^* 可由式(5-25)得出:

$$\lambda^* = \arg\max_{0<\lambda_{22}\leqslant\Lambda}\{W_S(\lambda_{22})\} \tag{5-25}$$

然后,可以得到次级认知用户数据包的社会最优接入概率 q^* 的表达式:

$$q^* = \frac{\lambda^*}{\Lambda} \tag{5-26}$$

使用与图 5-7 中相同的参数设置,图 5-8 展示了社会收益函数 $W_S(\lambda_{22})$ 随着次级认知用户数据包到达率 λ_{22} 的变化趋势。

从图 5-8 中可以看到,随着次级认知用户数据包到达率的增加,社会收益函数呈现上凸趋势。基于图 5-8 所示的结果,表 5-2 总结了社会最优策略下的次级认知用户数据包的社会最优接入率和社会最优接入概率的数值结果。

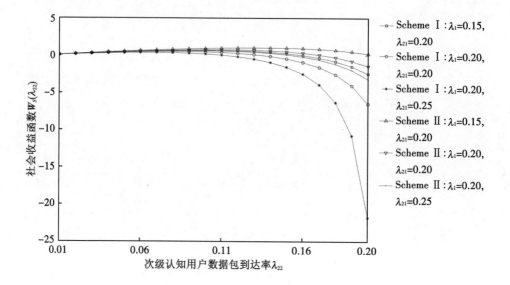

图 5-8　社会收益函数的变化趋势

表 5-2　社会最优策略下的数值结果

	授权用户数据包的到达率 λ_1	高级认知用户数据包的到达率 λ_{21}	社会最优接入率 λ^*	社会最优接入概率 q^*
高级认知用户	0.15	0.20	0.10	0.50
抢占机制	0.20	0.20	0.08	0.40
Scheme Ⅰ	0.20	0.25	0.07	0.35
高级认知用户	0.15	0.20	0.13	0.65
非抢占机制	0.20	0.20	0.11	0.55
Scheme Ⅱ	0.20	0.25	0.10	0.50

　　由表 5-2 可以看出，高级认知用户抢占机制（Scheme Ⅰ）下的社会最优接入率和社会最优接入概率小于高级认知用户非抢占机制（Scheme Ⅱ）下的社会最优接入率和社会最优接入概率。这个趋势与表 5-1 中个人最优策略下的数值结果相似，出现该趋势的原因可参考对表 5-1 中数值结果的解读。

　　此外，通过比较表 5-1 与表 5-2 中的数值结果可以发现，个人最优接入概率 q_e 大于社会最优接入概率 q^*，且个人最优接入率 λ_e 高于社会最优接入率 λ^*，这些结论是符合相关纳什均衡理论[101-103]的。

5.6.3　定价方案

如上所述,社会最优接入率低于个人最优接入率。也就是说,在个人最优策略下,更多的次级认知用户数据包会选择接入系统,但这会对社会收益产生负面影响。为了实现社会收益最优,需促使次级认知用户数据包采用社会最优策略,为此可以提出一种定价方案来降低个人最优接入概率和相应的个人最优接入率。

本章提出的定价方案是对所有选择加入系统的次级认知用户数据包收取入场费。当收取入场费 f 时,选择接入系统的次级认知用户数据包必须从奖励 R 中减去入场费 f。因此,对于一个选择接入系统的次级认知用户数据包来说,当支付了入场费 f 之后,其收益函数 $W_P(\lambda_{22})$ 如式(5-27)所列:

$$W_P(\lambda_{22}) = (R - f) - \delta_{22}T \tag{5-27}$$

可以注意到,在收取入场费时,社会目标是使系统的总效益最大化。通过考虑入场费 f,重新定义了社会收益函数 $W_{S*}(\lambda_{22})$ 如式(5-28)所列:

$$W_{S*}(\lambda_{22}) = \lambda_{22}\Big((R - f) - \delta_{22}T \Big) + \lambda_{22}f = \lambda_{22}(R - \delta_{22}T) \tag{5-28}$$

通过比较式(5-24)和式(5-28)可以发现,收取入场费后的社会收益函数与不收取入场费时的社会收益函数相同。这意味着入场费 f 仅仅是从次级认知用户数据包收益到系统收益的转移。因此可以得出结论,定价方案中收取入场费 f 并不影响社会最优策略的结果。

在式(5-25)中已求得社会最优接入率 λ^*,在式(5-27)中设置 $\lambda_{22} = \lambda^*$,可以利用 $W_P(\lambda^*) = 0$ 计算入场费 f。

如果 $\lambda^* < \Lambda$,可以按照式(5-29)求得入场费 f:

$$f = R - \delta_{22}(\lambda^*)T \tag{5-29}$$

如果 $\lambda^* = \Lambda$，则入场费 f 可以等于或小于 $R-\delta_{22}(\Lambda)T$。

通过利用表5-2中得到的社会最优接入率 λ^* 和其他相同的参数设置，表5-3中给出了不同参数设置下入场费 f 的数值结果。

表5-3 入场费的数值结果

	授权用户 数据包的到达率 λ_1	高级认知用户 数据包的到达率 λ_{21}	最优接入率 λ^*	入场费 f
高级认知用户	0.15	0.20	0.10	6.9918
抢占机制	0.20	0.20	0.08	6.5472
Scheme Ⅰ	0.20	0.25	0.07	5.4116
高级认知用户	0.15	0.20	0.13	8.1169
非抢占机制	0.20	0.20	0.11	7.1114
Scheme Ⅱ	0.20	0.25	0.10	6.4127

在表5-3中，入场费 f 的数值结果数精确到小数点后四位。从表5-3可以看出，高级认知用户非抢占机制（Scheme Ⅱ）的入场费高于高级认知用户抢占机制（Scheme Ⅰ）的入场费。这是因为在高级认知用户非抢占机制（Scheme Ⅱ）下，更多的次级认知用户数据包将选择接入系统。为了合理控制接入系统的次级认知用户数据包的数量，高级认知用户非抢占机制（Scheme Ⅱ）的入场费应该设置得更高。

 5.7 本章小结

本章研究了面向分级认知用户的认知无线网络的系统性能，将系统中的认知用户数据包分为优先级较高的高级认知用户数据包和优先级较低的次级认知用户数据包。为了保证次级认知用户数据包的传输连续性，提出了一种高级认知用户数据包的非抢占机制。通过构造一个带有多类顾客无限等待空间的离散时间非抢占优先权排队模型并进行解析，导出了高级认知用户和次级认知用户的一些性能指标。同时，给出了次级认知用户数据包的个人最优策略和社会最优策略，以优化次级认知用户数据包的接入行为。提出了一种定价方案，通过对次级认知用户数据包收取一定的入场费，使次级认知用户数据包遵循社会最优策略。通过数值实验，将本章所提出的高级认知用户非抢占机制与传统高级认知用户抢占机制相对比，实验结果表明，与传统抢占机制相比，本章提出的高级认知用户非抢占机制能有效地降低次级认知用户的中断率和平均延迟。此外，所提出的非抢占机制下的个人最优接入率和社会最优接入率都较高。也就是说，更多的次级认知用户数据包希望接入具有高级认知用户非抢占机制的系统中。

第6章 基于高级认知用户概率抢占的频谱分配策略

6.1 引言

在认知无线网络中，认知用户在不干扰授权用户的传输的前提下，可以机会式地使用频谱。这种机会式频谱占用的方式可以有效提高频谱利用率，因此认知无线网络相关研究受到密切关注。在含有分级认知用户的认知无线网络中，分级认知用户的设置正适应了网络中不同用户的传输需求。在含有分级认知用户的认知无线网络中，授权用户具有绝对优先权，可以中断所有级别认知用户的传输并抢占其占用的信道。但对于各级别认知用户之间的交互行为，有必要进一步展开深入研究。

目前已有的含有分级认知用户的认知无线网络研究中，对于分级认知用户间的交互行为大致可以分为抢占式与非抢占式两种。在抢占式机制中，高优先级认知用户可以随时中断优先级较低的认知用户的传输，因此造成优先级较低的认知用户的传输连续性下降，且优先级较低的认知用户的相关系统性能也会下降，如吞吐量降低、平均延迟增大等。另外，考虑到认知无线网络中一些硬件及技术的限制，一些文献考虑将非抢占机制引入分级认知用户的交互行为研究中。本书第5章针对含有高级认知用户和次级认知用户两级认知用户的网络研究了基于高级认知用户非抢占的频谱分配策略，实验结果表明，非抢占机制可以有效降低次级认知用户的中断率和平均延迟。但不可否认的是，在非抢占机制下，高级认知用户的系统性能受到了一定程度的负面影响，如高级认知用户的吞吐量有所下降。

因此，为了有效平衡不同级别认知用户之间的系统性能，面向含有两级认

知用户(高级认知用户和次级认知用户)的认知无线网络,本章提出了一种基于
高级认知用户概率抢占的频谱分配策略。一个高级认知用户数据包以一个预设
概率(称为抢占概率)中断一个次级认知用户数据包的传输,并抢占信道进行数
据传输。考虑到网络的数字化特性,构造了一个带有多类顾客有限等待空间的
离散时间概率抢占优先权排队模型。通过分析系统模型,分别推导出了高级认
知用户和次级认知用户的一些重要的性能指标表达式。通过数值实验,探索了
抢占概率对高级认知用户和次级认知用户不同系统性能指标的影响。最后,为
了平衡高级认知用户和次级认知用户的系统性能,通过构造基于抢占概率的优
化函数并进行优化数值实验,给出了针对抢占概率的优化设置方案。

6.2　基于高级认知用户概率抢占的频谱分配策略描述

本章考虑含有一个授权用户(PU)、一个高级认知用户(SU1)和一个次级认
知用户(SU2)的单信道认知无线网络系统。各类用户的优先级由高到低排列
为:授权用户、高级认知用户和次级认知用户。考虑到次级认知用户的优先权
最低,为次级认知用户设置了一个容量为 K 的有限缓存来存储该类用户的数据
包,同时考虑到授权用户和高级认知用户的传输时效性,不为这两类用户的数
据包设置缓存。

授权用户数据包具有最高的优先权,当一个授权用户到达系统时,如果发
现信道被其他类别用户数据包占用,则该授权用户数据包可以中断信道中的高
级认知用户或次级认知用户数据包的传输并抢占信道进行传输。当然,如果信
道被另一个授权用户数据包占用,则该新到达的授权用户数据包只能离开系
统,寻找其他可用信道。

高级认知用户数据包的优先级高于次级认知用户数据包的优先级。当高级
认知用户数据包和次级认知用户数据包同时到达系统时(在没有任何授权用户
数据包到达的情况下),如果信道空闲,则新到达的高级认知用户数据包将占
用信道,而新到达的次级认知用户数据包必须在次级认知用户的缓存区中排队
等待。

为了平衡不同级别认知用户的系统性能,本章提出了一种基于高级认知用
户概率抢占的频谱分配策略。在次级认知用户数据包传输的过程中,如果有一

个高级认知用户数据包到达系统(同期没有授权用户数据包到达),该高级认知用户数据包会以一定的概率(称为抢占概率)中断次级认知用户数据包的传输。本章引入符号 α 表示抢占概率。可以注意到,通过动态调整抢占概率 α,可以实现根据不同的网络需求动态地控制高级认知用户数据包的抢占行为。举例来说,对于次级认知用户数据包传输连续性要求较高的网络,可以设置一个较低的抢占概率 α;而对于高级认知用户数据包传输质量要求较高的网络,则可以设置一个较高的抢占概率 α。因此,本书提出的概率抢占机制可以解决和适应认知无线网络中的不同情况。此外,为了减少被中断传输的数据包对系统的干扰,引入第 3 章中的中断掉包机制,规定所有被中断传输的数据包(包括被中断传输的高级认知用户数据包和次级认知用户数据包)直接离开系统。

本章提出的基于高级认知用户概率抢占机制主要用来控制高级认知用户对次级认知用户的抢占行为,为了更好地理解该机制,通过图 6-1 来刻画所提出的概率抢占机制下高级认知用户数据包的系统行为。

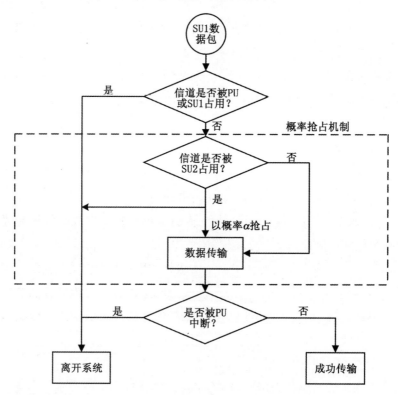

图 6-1 高级认知用户数据包的系统行为

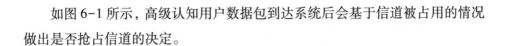

如图 6-1 所示，高级认知用户数据包到达系统后会基于信道被占用的情况做出是否抢占信道的决定。

6.3　基于高级认知用户概率抢占系统模型

将系统中的授权用户数据包、高级认知用户数据包和次级认知用户数据包分别抽象为排队模型中的三类具有不同优先权的顾客，将次级认知用户的有限缓存抽象为有限等待空间。基于上述高级认知用户概率抢占机制，本章建立了一个带有多类顾客有限等待空间的离散时间概率抢占优先权排队模型。

将时间轴划分为长度相等的时隙，根据高级认知用户概率抢占机制的工作原理，在早到系统的假设下建立了一个离散时间的马尔可夫链进行模型解析。

令 T_n，$S1_n$ 和 P_n 分别表示时刻 $t=n^+$ 系统中数据包总数目、高级认知用户数据包数目和授权用户数据包数目。假设各类用户数据包的到达时间间隔和传输时间都服从几何分布，用 λ_P，λ_{S1} 和 λ_{S2} 分别表示各类用户数据包的到达率，用 μ_P，μ_{S1} 和 μ_{S2} 分别表示各类用户数据包服务率。注意到，与一些连续时间的到达和离去过程相比，这种几何分布的假设更适合并遵循现代通信网络的数字化特征。

根据三类用户数据包的系统行为，$\{T_n, S1_n, P_n\}$ 构成具有式（6-1）所列状态空间的马尔可夫链：

$$\Omega = (0, 0, 0) \cup \{(r, 0, 0) \cup (r, 1, 0) \cup (r, 0, 1) : 1 \leqslant r \leqslant K+1\} \quad (6\text{-}1)$$

令 P 为三维马尔可夫链 $\{L_n, S_n, P_n\}$ 的状态转移概率矩阵，由缓存容量 K 可知，P 是一个 $(K+2) \times (K+2)$ 的块状矩阵：

$$P = \begin{pmatrix} S_0 & T_0 & W_0 & & & & \\ R_0 & S & T & & & & \\ & R & S & T & & & \\ & & \ddots & \ddots & \ddots & & \\ & & & & R & S & T \\ & & & & & R & S+T \end{pmatrix} \tag{6-2}$$

P 中的各非零子块可表示如下：

$$S_0 = \bar{\lambda}_P \bar{\lambda}_{S1} \bar{\lambda}_{S2} \tag{6-3}$$

$$T_0 = (\bar{\lambda}_P \bar{\lambda}_{S1} \lambda_{S2}, \ \bar{\lambda}_P \lambda_{S1} \bar{\lambda}_{S2}, \lambda_P \bar{\lambda}_{S2}) \tag{6-4}$$

$$W_0 = (0, \ \bar{\lambda}_P \lambda_{S1} \lambda_{S2}, \lambda_P \lambda_{S2}) \tag{6-5}$$

$$R_0 = (\bar{\lambda}_P \bar{\lambda}_{S1} \bar{\lambda}_{S2} \mu_{S2}, \bar{\lambda}_P \bar{\lambda}_{S1} \bar{\lambda}_{S2} \mu_{S1}, \bar{\lambda}_P \bar{\lambda}_{S1} \lambda_{S2} \mu_P)^T \tag{6-6}$$

$$R = \begin{pmatrix} \bar{\lambda}_P \bar{\lambda}_{S1} \bar{\lambda}_{S2} \mu_{S2} & 0 & 0 \\ \bar{\lambda}_P \bar{\lambda}_{S1} \bar{\lambda}_{S2} \mu_{S1} & 0 & 0 \\ \bar{\lambda}_P \bar{\lambda}_{S1} \bar{\lambda}_{S2} \mu_P & 0 & 0 \end{pmatrix} \tag{6-7}$$

$$S = \begin{pmatrix} \bar{\lambda}_P U & \bar{\lambda}_P \bar{\lambda}_{S2} (\mu_{S2} \lambda_{S1} + \bar{\mu}_{S2} \lambda_{S1} \alpha) & \lambda_P \bar{\lambda}_{S2} \\ \bar{\lambda}_P \bar{\lambda}_{S1} \lambda_{S2} \mu_{S1} & \bar{\lambda}_P \bar{\lambda}_{S2} (\bar{\mu}_{S1} + \mu_{S1} \lambda_{S1}) & \lambda_P \bar{\lambda}_{S2} \\ \bar{\lambda}_P \bar{\lambda}_{S1} \lambda_{S2} \mu_P & \bar{\lambda}_P \lambda_{S1} \bar{\lambda}_{S2} \mu_P & \bar{\lambda}_{S2} (\bar{\mu}_P + \mu_P \lambda_P) \end{pmatrix} \tag{6-8}$$

其中，$U = \mu_{S2} \bar{\lambda}_{S1} \lambda_{S2} + \bar{\mu}_{S2} \bar{\lambda}_{S1} \bar{\lambda}_{S2} + \bar{\mu}_{S2} \lambda_{S1} \bar{\lambda}_{S2} \bar{\alpha}$。

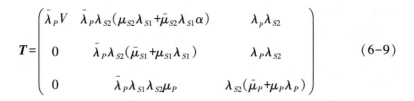

$$T=\begin{pmatrix} \bar{\lambda}_P V & \bar{\lambda}_P \lambda_{S2}(\mu_{S2}\lambda_{S1}+\bar{\mu}_{S2}\lambda_{S1}\alpha) & \lambda_p \lambda_{S2} \\ 0 & \bar{\lambda}_P \lambda_{S2}(\bar{\mu}_{S1}+\mu_{S1}\lambda_{S1}) & \lambda_P \lambda_{S2} \\ 0 & \bar{\lambda}_P \lambda_{S1}\lambda_{S2}\mu_P & \lambda_{S2}(\bar{\mu}_P+\mu_P\lambda_P) \end{pmatrix} \qquad (6-9)$$

其中，$V=\bar{\mu}_{S2}\lambda_{S1}\lambda_{S2}\bar{\alpha}+\bar{\mu}_{S2}\lambda_{S2}\bar{\lambda}_{S1}$。

转移概率矩阵 $\boldsymbol{P}$ 的结构表明，三维马尔可夫链 $\{T_n,\ S1_n,\ P_n\}$ 是不可约、非周期、正常返的。为了进一步分析系统模型，定义稳态分布 $\pi_{r,s,t}$：

$$\pi_{r,s,t}=\lim_{n\to\infty}P\{T_n=r,\ S1_n=s,\ P_n=t\} \qquad (6-10)$$

令 $\boldsymbol{\Pi}=(\pi_{0,0,0},\ \pi_{1,0,0},\ \pi_{1,1,0},\ \pi_{1,0,1},\ \cdots,\ \pi_{K+1,1,0},\pi_{K+1,0,1})$，通过计算方程组 $\boldsymbol{\Pi P}=\boldsymbol{\Pi},\boldsymbol{\Pi e}=1$，可求得稳态分布 $\pi_{r,s,t}$ 的数值结果，其中 $\boldsymbol{e}=(1,\ 1,\ \cdots,\ 1)^T$。

⚛ 6.4　基于高级认知用户概率抢占的频谱分配策略的性能指标

6.4.1　高级认知用户性能指标

由于没有为高级认知用户数据包设置缓存，当一个高级认知用户数据包到达系统后，如果发现信道被另一个授权用户数据包或高级认知用户数据包占用，则该新到达的高级认知用户数据包会被系统阻塞。因此，高级认知用户阻塞率 β_{SU1} 的表达式为

$$\beta_{\mathrm{SU1}}=\lambda_{S1}\left(\sum_{r=0}^{K+1}\pi_{r,0,0}\lambda_P+\sum_{r=1}^{K+1}\left(\pi_{r,1,0}(\bar{\mu}_{S1}+\mu_{S1}\lambda_P)+\pi_{r,0,1}(\bar{\mu}_P+\mu_P\lambda_P)\right)\right)$$

$$(6-11)$$

在所提出的高级认知用户概率抢占机制中，高级认知用户的离开率是一个特殊且重要的性能指标。一个新到达的高级认知用户数据包将以抢占概率 α 中断次级认知用户数据包的传输，或以 $1-\alpha$ 的概率离开系统。因此，高级认知用户离开率 δ_{SU1} 的表达式为

$$\delta_{SU1} = \sum_{r-1}^{K+1} \pi_{r,0,0}\bar{\mu}_{S2}\bar{\lambda}_P\lambda_{S1}\bar{\alpha} \qquad (6-12)$$

在所提出的高级认知用户概率抢占机制中，一个高级认知用户数据包的传输可能会被一个新到达的授权用户数据包中断，而这个被中断传输的高级认知用户数据包将会离开系统。因此，可以得到高级认知用户中断率 γ_{SU1} 的表达式为

$$\gamma_{SU1} = \sum_{r=1}^{K+1} \pi_{r,1,0}\bar{\mu}_{S1}\lambda_P \qquad (6-13)$$

在所提出的高级认知用户概率抢占机制中，如果一个高级认知用户的数据包被允许接入系统（没有发生数据包阻塞且没有因信道被次级认知用户数据包占用而选择以一定概率离开），并且整个传输过程中没有被授权用户数据包中断，则该高级认知用户数据包可以被成功传输。因此，可以得到高级认知用户吞吐量 θ_{SU1} 的表达式：

$$\theta_{SU1} = \lambda_{S1} - \beta_{SU1} - \delta_{SU1} - \gamma_{SU1} \qquad (6-14)$$

6.4.2　次级认知用户性能指标

当一个次级认知用户数据包到达系统后，如果发现信道被占用，且次级认知用户数据包的缓存也被占满时，这个新到达的次级认知用户数据包将被阻塞。因此，次级认知用户阻塞率 β_{SU2} 的表达式为

$$\beta_{SU2} = \lambda_{S2} \left(\pi_{K+1,\,0,\,0} (1-\mu_{S2}\bar{\lambda}_{S1}\bar{\lambda}_P) + \pi_{K+1,\,1,\,0} (1-\mu_{S1}\bar{\lambda}_{S1}\bar{\lambda}_P) \right) + \quad (6\text{-}15)$$

$$\lambda_{S2} \pi_{K+1,\,0,\,1} (1-\mu_P\bar{\lambda}_{S1}\bar{\lambda}_P)$$

在所提出的高级认知用户概率抢占机制中，次级认知用户数据包的传输既可以被授权用户数据包中断，也可以被高级认知用户数据包以抢占概率 α 中断。因此，次级认知用户中断率 γ_{SU2} 的表达式为

$$\gamma_{SU2} = \sum_{r=1}^{K+1} \pi_{r,\,0,\,0}\,\bar{\mu}_{S2}(\lambda_P + \bar{\lambda}_P\lambda_{S1}\alpha) \qquad (6\text{-}16)$$

在所提出的高级认知用户概率抢占机制中，如果一个次级认知用户数据包没有被阻塞，同时其传输也没有被授权用户数据包或高级认知用户数据包中断，则该次级认知用户数据包可以成功传输。因此，可以得到次级认知用户吞吐量 θ_{SU2} 的表达式：

$$\theta_{SU2} = \lambda_{S2} - \beta_{SU2} - \gamma_{SU2} \qquad (6\text{-}17)$$

6.5　基于高级认知用户概率抢占的频谱分配策略的实验分析

在本节中，通过数值实验探讨了所提出的高级认知用户概率抢占机制中的抢占概率对高级认知用户和次级认知用户不同性能指标的影响，并通过数值实验证明了所提出的高级认知用户概率抢占机制相对于传统的高级认知用户抢占机制和非抢占机制的有效性。在下列数值实验中，不失一般性，将数据包的服务率统一设置为 $\mu_P = \mu_{S1} = \mu_{S2} = 0.5$。

6.5.1 高级认知用户的性能分析

图 6-2 和图 6-3 显示了在 $\lambda_{S1}=0.5$，$K=10$ 时，不同到达率 λ_P 和 λ_{S2} 下，抢占概率 α 对高级认知用户的离开率 δ_{SU1} 和吞吐量 θ_{SU1} 的影响。

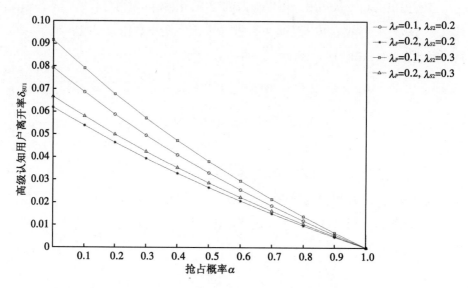

图 6-2　高级认知用户离开率的变化趋势

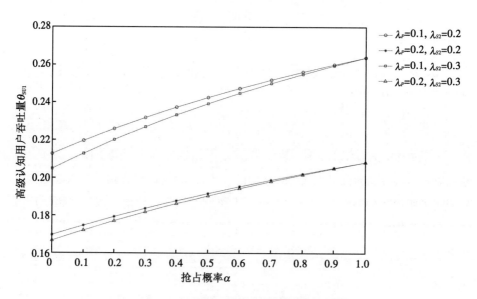

图 6-3　高级认知用户吞吐量的变化趋势

一方面，从图 6-2 可以直观地看出，当抢占概率设置为 1 时，高级认知用户的离开率也降低到 0。另一方面，由图 6-2 和图 6-3 可以发现，随着抢占概率的增加，高级认知用户的离开率呈现一种下降的趋势，而高级认知用户的吞吐量则呈现一种上升的趋势。这是因为，随着抢占概率的增加，会有更多的高级认知用户数据包抢占次级认知用户数据包占用的信道，高级认知用户数据包的离开数量下降，高级认知用户的离开率显然会降低。同时，更多的高级认知用户数据包可以被成功传输，因此高级认知用户的吞吐量随之增加。

观察图 6-2 和图 6-3 还可以发现，提高授权用户数据包到达率可以降低高级认知用户的离开率。对于这种有趣的变化趋势的解释是，更高的授权用户数据包到达率意味着信道被授权用户数据包占用的可能性会更高，那么次级认知用户数据包占用信道的可能性就会降低，也就是说，高级认知用户数据包在次级认知用户数据包的传输过程中到达的可能性也会更低，因此，高级认知用户的离开率将会降低。同时，随着授权用户数据包到达率的提高，高级认知用户数据包占用信道成功传输的概率降低，因此高级认知用户的吞吐量会降低。

此外，通过设置更高的次级认知用户数据包到达率，可以提高高级认知用户的离开率，降低高级认知用户的吞吐量。在本章所提出的高级认知用户概率抢占机制中，次级认知用户数据包的系统行为会影响到高级认知用户数据包的系统性能。次级认知用户数据包的到达率越高，意味着高级认知用户数据包到达时遇到次级认知用户数据包传输的可能性越大，就会有更多的高级认知用户数据包离开系统。因此，随着次级认知用户数据包到达率的增大，高级认知用户的离开率增加，且吞吐量降低。

6.5.2　次级认知用户的性能分析

图 6-4 和图 6-5 显示了在 $\lambda_{S2} = 0.3$，$K = 10$ 时，不同到达率 λ_P 和 λ_{S1} 下，抢占概率 α 对次级认知用户的中断率 γ_{SU2} 和吞吐量 θ_{SU2} 的影响。

从图 6-4 和图 6-5 可以看出，一方面，设置更高的抢占概率能够提高次级认知用户的中断率并导致其吞吐量的下降。这是因为在抢占概率较高的情况下，大量高级认知用户数据包会中断次级认知用户数据包的传输，从而使得次级认知用户的中断率上升，吞吐量下降。另一方面，授权用户数据包的到达率越高, 次级认知用户数据包的传输被授权用户数据包中断的可能性越大, 次级认知用户数据包成功传输的可能性降低。因此, 一个较高的授权用户数据包到达率会导致次级认知用户的中断率升高, 吞吐量下降。

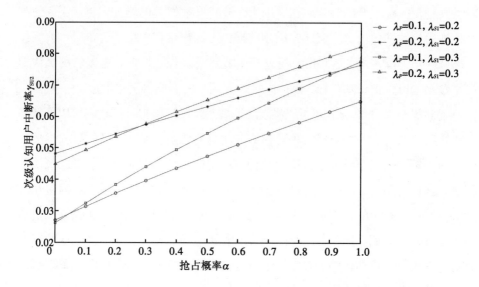

图 6-4 次级认知用户的中断率的变化趋势

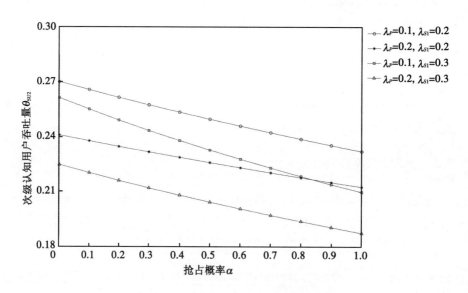

图 6-5 次级认知用户吞吐量的变化趋势

在图 6-4 中，当抢占概率较低时，高级认知用户数据包的到达率越高，次级认知用户的中断率就越低。而当抢占概率较高时，高级认知用户数据包的到达率越高，次级认知用户的中断率却越高。这种变化趋势的解释如下：当抢占概率很低时，一个较高的高级认知用户数据包到达率意味着更多的高级认知用户数据包能够占用信道，次级认知用户数据包占用信道的可能性就更低，因此次级认知用户数据包的传输被中断的可能性反而更低，次级认知用户的中断率就会随之降低。但是，随着抢占概率的增加，会有更多的高级认知用户数据包选择中断次级认知用户数据包的传输，这时候被强占信道的次级认知用户数据包主要影响次级认知用户的中断率。因此，当抢占概率较高时，设置较高的高级认知用户数据包到达率，会导致次级认知用户中断率的提高。

在图 6-5 中，当设置一个较高的高级认知用户数据包到达率时，次级认知用户数据包吞吐量会随之降低。这是因为随着高级认知用户数据包到达率的提高，次级认知用户数据包占用信道进行传输的概率会降低，次级认知用户数据包被成功传输的可能性会降低，因此，随着高级认知用户到达率的提高，次级认知用户的吞吐量随之降低。

最后，通过图 6-2 至图 6-5，可以将本章所提出的高级认知用户概率抢占机制与传统高级认知用户抢占机制和高级认知用户非抢占机制的系统性能进行比较。在图 6-2 至图 6-5 中，抢占概率 $\alpha=0$ 时反映的是高级认知用户非抢占机制下的系统性能。与高级认知用户非抢占机制相比，本章提出的高级认知用户概率抢占机制可以有效降低高级认知用户的离开率，提高高级认知用户的吞吐量。抢占概率 $\alpha=1$ 时反映的是高级认知用户抢占机制下的系统性能。与高级认知用户抢占机制相比，本章提出的高级认知用户概率抢占机制可以有效降低次级认知用户的中断率，提高次级认知用户的吞吐量。

由上述实验结果可知，在实际网络运行设置中，需要根据网络需求进行抢占概率的设置。举例来说，如果对高级认知用户的吞吐量要求较高，则需要设置一个较高的高级认知用户抢占概率。相对应地，如果对次级认知用户的吞吐量要求较高，则需要设置一个相对较低的高级认知用户抢占概率。因此，有必要根据实际网络运行情况，平衡不同网络用户的系统性能，寻找最优的高级认知用户抢占概率的设置方案。

🔲 6.6　针对抢占概率的优化设置方案

由数值实验结果可知，在本章所提出的高级认知用户概率抢占机制中，抢占概率越高，高级认知用户的系统性能越好。但是，抢占概率的提高会降低次级认知用户的系统性能。因此，为了平衡高级认知用户和次级认知用户的系统性能，有必要对概率抢占机制中的抢占概率进行优化。

在本节中，考虑到高级认知用户数据包相对于次级认知用户数据包的优先级，从高级认知用户数据包的角度出发来优化抢占概率。假设存在一个奖励 $R_1(1-\alpha)$，它与高级认知用户数据包的抢占概率 α 有关。为了获得这个奖励，高级认知用户数据包同意将抢占概率降低到一定程度，对成功传输的高级认知用户数据包授予奖励 R_2。由以上假设可以构造一个关于抢占概率 α 的收益函数 $F(\alpha)$，其表达式为

$$F(\alpha) = R_1(1-\alpha) + R_2\theta_{SU1} \qquad (6-18)$$

由收益函数式(6-18)可以得到实现最大收益的最优抢占概率 α^* 的表达式：

$$\alpha^* = \arg\max_{\alpha}\{F(\alpha)\} \qquad (6-19)$$

下面根据模型解析结果和收益函数相关公式进行优化数值实验。图 6-6 显示了在 $\lambda_P = 0.2$，$\lambda_{S1} = 0.2$，$\lambda_{S2} = 0.3$，$R_1 = 3$，$R_2 = 100$ 时，收益函数 $F(\alpha)$ 随抢占概率 α 在不同缓存容量 K 的设置下的变化趋势。其他相关参数设置与前述数值实验中设置相同。

从图 6-6 可以看出，当抢占概率较低时，随着抢占概率的增加，收益函数呈现增加的趋势。而当抢占概率增加到一定程度后，收益函数随着抢占概率的增加呈递减趋势。因此在图 6-6 中，对于不同的缓存容量，都存在最优的抢占

概率使得高级认知用户收益达到最大。

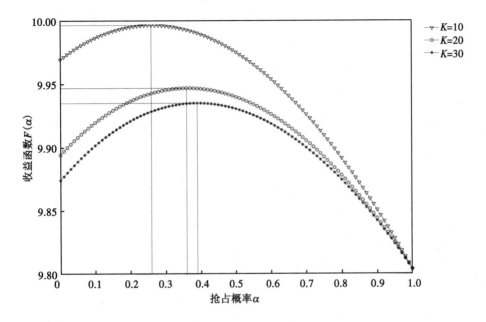

图 6-6　收益函数的变化趋势

根据图 6-6 中的数值结果，表 6-1 总结了不同缓存容量下最优抢占概率 α^* 和相应的最大收益 $F(\alpha^*)$ 的数值结果。

表 6-1　最优抢占概率的数值结果

缓存容量 K	最优抢占概率 α^*	最大收益 $F(\alpha^*)$
10	0.26	9.9967
20	0.36	9.9470
30	0.39	9.9350

如表 6-1 所列，随着次级认知用户数据包缓存容量的增大，最优抢占概率也会相应增加。这一变化趋势的解释为，随着次级认知用户数据包缓存容量的增加，更多的次级认知用户数据包能够占用信道进行数据传输。然而，在本章所提出的高级认知用户概率抢占机制中，将会降低高级认知用户数据包吞吐量。为了提升高级认知用户数据包的吞吐量，则应该适当提高高级认知用户抢占概率。

6.7 本章小结

为了更好地平衡含有分级认知用户的认知无线网络中高级认知用户和次级认知用户的系统性能，考虑高级认知用户的相对优先权，本章提出了一种基于高级认知用户概率抢占的频谱分配策略。引入了一个抢占概率来控制高级认知用户数据包在系统中对次级认知用户数据包的抢占行为。根据所提出的高级认知用户概率抢占机制的工作原理，建立并分析了一个带有多类顾客有限等待空间的离散时间概率抢占优先权排队模型，通过构造马尔可夫链与转移概率矩阵，求得了高级认知用户和次级认知用户相关重要性能指标的表达式。数值实验结果表明，与传统的抢占机制相比，本章所提出的高级认知用户概率抢占机制可以降低次级认知用户中断率，提高次级认知用户吞吐量。与非抢占机制相比，本章所提出的高级认知用户概率抢占机制可以降低高级认知用户离开率，提高高级认知用户吞吐量。最后，为了有效平衡系统中高级认知用户和次级认知用户的系统性能，从高级认知用户数据包的角度出发，以实现最大的收益为目标，通过构建一个收益函数来对抢占概率进行优化，并得到了抢占概率的最优数值结果。优化实验结果表明，随着次级认知用户缓存容量的增加，最优抢占概率呈现上升趋势。本章的优化研究结果为具有不同优先权认知用户的认知无线网络的概率抢占机制中抢占概率的优化设计提供了理论依据。

第 7 章　基于分级认知用户非理想感知的频谱分配策略

 **7.1　引言**

　　在认知无线网络中,认知用户具有频谱感知的能力。这些认知用户可以感知频谱的状态,并在频谱空穴上进行机会式传输[105],有效提高了频谱的整体利用率。在认知无线网络中,认知用户的频谱感知能力可以避免对授权用户数据传输的干扰。然而,由于一些技术上可能受到的限制,认知用户的频谱感知能力并不完美,其感知结果可能并不理想[106]。因此,针对认知用户非理想频谱感知下的认知无线网络展开了相关研究[106-107]。

　　目前有关认知无线网络频谱分配策略的相关研究多是在一类认知用户的假设下展开的,并没有考虑含有多种类型认知用户的网络环境。然而,在现代网络中,数据传输的需求是多种多样的。因此,在认知无线网络研究中,有必要引入认知用户的分级机制来反映认知用户之间数据传输需求的多样性。值得注意的是,目前已有的基于认知用户分级的认知无线网络研究大多是在理想频谱感知假设下展开的。

　　本章的创新之处在于将非理想频谱感知引入含有分级认知用户的认知无线网络的研究中来,提出了一种基于分级认知用户非理想感知的频谱分配策略。认知用户被分为两级,其中高级认知用户可以用来刻画具有实时传输需求的认知用户,次级认知用户可以用来刻画具有非实时传输需求的认知用户。不同于目前大多数研究中建立的连续时间模型,本章克服了离散时间建模分析的复杂性,将非理想感知结果(虚警概率与漏检概率)引入带有多类顾客的离散时间随机排队模型中并进行系统性能分析,求得了非理想频谱感知下的不同性能指标表达式，包括次级认知用户的中断率、吞吐量等，通过数值实验研究了非理想频谱感知结果对不同系统性能指标的影响。

7.2 基于分级认知用户非理想感知的频谱分配策略描述

考虑含有三类用户的单信道认知无线网络。由授权用户生成的授权用户数据包被赋予占用信道的最高优先级。考虑到认知用户的多样性，假设系统中存在两类认知用户，高级认知用户（SU1）和次级认知用户（SU2）。与授权用户数据包和高级认知用户数据包相比，次级认知用户数据包的优先级最低，授权用户数据包和高级认知用户数据包可以中断次级认知用户数据包的传输。在实际网络运行过程中，缓存可以用来存储数据包，减少数据包的损失。因此，设置一个次级认知用户缓存来存储系统中的次级认知用户数据包，缓存容量为无限。但考虑到授权用户和高级认知用户的较高优先权，为了减少其在系统中逗留的消耗，未设置缓存来容纳授权用户数据包和高级认知用户数据包。

在所考虑的系统中，高级认知用户数据包和次级认知用户数据包的传输均有可能被中断，假设被中断传输的高级认知用户数据包直接离开系统，而被中断传输的次级认知用户数据包会返回缓存等待传输。

值得注意的是，次级认知用户的非理想频谱感知结果将影响授权用户和高级认知用户数据包的传输。因此，本章主要研究次级认知用户的频谱感知错误对系统性能的影响。在理想频谱感知假设下，次级认知用户数据包能正确感知授权用户数据包或高级认知用户数据包的频谱占用需求，及时腾出占用的频谱资源以免干扰授权用户和高级认知用户的数据传输。然而，在非理想频谱感知情况下，次级认知用户的频谱感知会发生错误。本章主要考虑次级认知用户的两种频谱感知错误：漏检和虚警[108-109]。

当次级认知用户漏检发生时，一个次级认知用户数据包会和一个授权用户数据包或一个高级认知用户数据包发生信息碰撞，所有发生信息碰撞的数据包将会掉包。虚警有两种可能：第一种是次级认知用户数据包将一个处于空闲状态的信道虚警为一个被占用的信道，未接入该空闲状态的信道；第二种是一个正在信道进行传输的次级认知用户数据包因为发生虚警，误认为有授权用户或高级认知用户数据包想要占用信道，而错误地中断自己正在进行的传输，腾出信道并返回次级认知用户数据包缓存。在本章后续的模型解析过程中，分别引入漏检概率和虚警概率来反映上述两种频谱感知错误，并引入符号 $p_f(\bar{p}_f = 1 - p_f)$ 表示虚警概率和符号 $p_m(\bar{p}_m = 1 - p_m)$ 表示漏检概率。

7.3　基于非理想频谱感知的系统模型

将系统中的授权用户数据包、高级认知用户数据包和次级认知用户数据包分别抽象为排队模型中的三类具有不同优先权的顾客，将次级认知用户的无限缓存抽象为无限等待空间，根据分级认知用户非理想感知机制的描述，本章后续将非理想感知结果（虚警概率与漏检概率）引入带有多类顾客无限等待空间的离散时间随机排队模型的建立与解析过程中。

考虑一个基于时隙结构的早到系统，将时隙边界表示为 $t = 1, 2, \cdots$。以 $t = n$ 为例，数据包在时隙的开始瞬间 [间隔 (n, n^+)] 到达，并且在时隙结束之前 [在间隔 (n^-, n) 期间] 离开，并假设次级认知用户数据包能够在每个时隙的边界处进行信道状态感知。

假设三种类型数据包的到达时间间隔遵循到达率 $\lambda_1(\bar{\lambda}_1 = 1 - \lambda_1)$，$\lambda_{21}(\bar{\lambda}_{21} = 1 - \lambda_{21})$ 和 $\lambda_{22}(\bar{\lambda}_{22} = 1 - \lambda_{22})$ 的几何分布。三种类型数据包的传输时间满足服务率为 $\mu_1(\bar{\mu}_1 = 1 - \mu_1)$，$\mu_{21}(\bar{\mu}_{21} = 1 - \mu_{21})$ 和 $\mu_{22}(\bar{\mu}_{22} = 1 - \mu_{22})$ 的几何分布。

令 S_n 表示 $t = n^+$ 时刻系统中次级认知用户数据包的数量，C_n 表示 $t = n^+$ 时刻的信道状态。C_n 可能的取值有 0，1，2，3，4。$C_n = 0$ 表示信道处于空闲状态，即没有被任何数据包占用。$C_n = 1, 2, 3$ 分别表示信道被授权用户数据包、高级认知用户数据包和次级认知用户数据包占用。特别地，$C_n = 4$ 表示信道处于由非理想感知结果造成的数据包冲突引起的混乱状态。则 $\{S_n, C_n\}$ 构成离散时间二维马尔可夫链，其状态空间 Ω 表示为

$$\Omega = \{(0, j): j = 0, 1, 2\} \cup \{(i, j): i \geq 1, j = 0, 1, 2, 3, 4\} \quad (7\text{-}1)$$

基于 $\{S_n, C_n\}$ 的状态转移，定义 $\boldsymbol{P}$ 为 $\{S_n, C_n\}$ 的一步状态转移概率矩阵，可以发现该转移概率矩阵中的各个子阵具有块状结构。

根据所提出的基于分级认知用户非理想感知的频谱分配策略中系统各状态间的转移，$\boldsymbol{P}$ 的具体形式为

$$\boldsymbol{P} = \begin{pmatrix} \boldsymbol{U}_{00} & \boldsymbol{U}_{01} & & & \\ \boldsymbol{U}_{10} & \boldsymbol{X}_1 & \boldsymbol{X}_0 & & \\ & \boldsymbol{X}_2 & \boldsymbol{X}_1 & \boldsymbol{X}_0 & \\ & & \boldsymbol{X}_2 & \boldsymbol{X}_1 & \boldsymbol{X}_0 \\ & & & \ddots & \ddots & \ddots \end{pmatrix} \tag{7-2}$$

下面讨论 $\boldsymbol{P}$ 中的每个非零子块的具体形式，并引入符号 $\rho = \lambda_1 \mu_1 + \bar{\mu}_1$，$\zeta = \lambda_{21} \mu_{21} + \bar{\mu}_{21}$ 和 $\vartheta = \lambda_{22} \mu_{22} + \bar{\lambda}_{22} \bar{\mu}_{22}$。

（1）$\boldsymbol{U}_{00}$ 表示系统中次级认知用户数据包的数量固定为 0 的一步转移概率矩阵，$\boldsymbol{U}_{00}$ 呈现为一个 3×3 矩阵，其具体形式为

$$\boldsymbol{U}_{00} = \begin{pmatrix} \bar{\lambda}_{22} \bar{\lambda}_1 \bar{\lambda}_{21} & \bar{\lambda}_{22} \lambda_1 & \bar{\lambda}_{22} \bar{\lambda}_1 \lambda_{21} \\ \bar{\lambda}_{22} \bar{\lambda}_1 \bar{\lambda}_{21} \mu_1 & \bar{\lambda}_{22} \rho & \bar{\lambda}_{22} \bar{\lambda}_1 \lambda_{21} \mu_1 \\ \bar{\lambda}_{22} \bar{\lambda}_1 \bar{\lambda}_{21} \mu_{21} & \bar{\lambda}_{22} \lambda_1 & \bar{\lambda}_{22} \bar{\lambda}_1 \zeta \end{pmatrix} \tag{7-3}$$

（2）$\boldsymbol{U}_{01}$ 表示系统中次级认知用户数据包的数量由 0 增加到 1 的一步转移概率矩阵，$\boldsymbol{U}_{01}$ 呈现为一个 3×5 矩阵，其具体形式为

$$\boldsymbol{U}_{01} = \lambda_{22} \boldsymbol{V} \tag{7-4}$$

在式（7-4）中，$\boldsymbol{V}$ 的具体形式为

$$\boldsymbol{V} = \begin{pmatrix} \bar{\lambda}_1 \bar{\lambda}_{21} p_f & \lambda_1 \bar{p}_m & \bar{\lambda}_1 \lambda_{21} \bar{p}_m & \bar{\lambda}_1 \bar{\lambda}_{21} p_f & (1 - \bar{\lambda}_1 \bar{\lambda}_{21}) p_m \\ \bar{\lambda}_1 \bar{\lambda}_{21} \mu_1 p_f & \rho \bar{p}_m & \bar{\lambda}_1 \lambda_{21} \mu_1 \bar{p}_m & \bar{\lambda}_1 \bar{\lambda}_{21} \mu_1 p_f & (1 - \mu_1 \bar{\lambda}_1 \bar{\lambda}_{21}) p_m \\ \bar{\lambda}_1 \bar{\lambda}_{21} \mu_{21} p_f & \lambda_1 \bar{p}_m & \bar{\lambda}_1 \zeta \bar{p}_m & \bar{\lambda}_1 \bar{\lambda}_{21} \mu_{21} \bar{p}_f & (1 - \mu_{21} \bar{\lambda}_1 \bar{\lambda}_{21}) p_m \end{pmatrix}$$

$$(7\text{-}5)$$

（3）$\boldsymbol{U}_{10}$ 表示系统中次级认知用户数据包的数量由 1 减少到 0 的一步转移概率矩阵，$\boldsymbol{U}_{10}$ 呈现为一个 5×3 矩阵，其具体形式为

$$\boldsymbol{U}_{10} = \begin{pmatrix} 0 & 0 & 0 \\ 0 & 0 & 0 \\ 0 & 0 & 0 \\ \mu_{22} \bar{\lambda}_1 \bar{\lambda}_{21} \bar{\lambda}_{22} & \mu_{22} \lambda_1 \bar{\lambda}_{22} & \mu_{22} \bar{\lambda}_1 \lambda_{21} \bar{\lambda}_{22} \\ \bar{\lambda}_1 \bar{\lambda}_{21} \bar{\lambda}_{22} & \lambda_1 \bar{\lambda}_{22} & \bar{\lambda}_1 \lambda_{21} \bar{\lambda}_{22} \end{pmatrix} \qquad (7\text{-}6)$$

（4）当初始状态下次级认知用户数据包数量大于或等于 1 时，$\boldsymbol{X}_1$ 表示系统中次级认知用户数据包的数量保持不变的一步转移概率矩阵，$\boldsymbol{X}_1$ 呈现为一个 5×5 矩阵，其具体形式为

$$\boldsymbol{X}_1 = \begin{pmatrix} \bar{\lambda}_{22} & 0 & 0 & 0 & 0 \\ 0 & \bar{\lambda}_{22} & 0 & 0 & 0 \\ 0 & 0 & \bar{\lambda}_{22} & 0 & 0 \\ 0 & 0 & 0 & \vartheta & 0 \\ 0 & 0 & 0 & 0 & \lambda_{22} \end{pmatrix} \times \boldsymbol{W} \qquad (7\text{-}7)$$

在式（7-7）中，$\boldsymbol{W}$ 的具体形式为

$$W = \begin{pmatrix} \bar{\lambda}_1 \bar{\lambda}_{21} p_f & \lambda_1 \bar{p}_m & \bar{\lambda}_1 \lambda_{21} \bar{p}_m & \bar{\lambda}_1 \bar{\lambda}_{21} \bar{p}_f & (1-\bar{\lambda}_1 \bar{\lambda}_{21})p_m \\ \bar{\lambda}_1 \bar{\lambda}_{21} \mu_1 p_f & \rho \bar{p}_m & \bar{\lambda}_1 \lambda_{21} \mu_1 \bar{p}_m & \bar{\lambda}_1 \bar{\lambda}_{21} \mu_1 \bar{p}_f & (1-\mu_1 \bar{\lambda}_1 \bar{\lambda}_{21})p_m \\ \bar{\lambda}_1 \bar{\lambda}_{21} \mu_{21} p_f & \lambda_1 \bar{p}_m & \bar{\lambda}_1 \zeta \bar{p}_m & \bar{\lambda}_1 \bar{\lambda}_{21} \mu_{21} \bar{p}_f & (1-\mu_{21} \bar{\lambda}_1 \bar{\lambda}_{21})p_m \\ \bar{\lambda}_1 \bar{\lambda}_{21} p_f & \lambda_1 \bar{p}_m & \bar{\lambda}_1 \lambda_{21} \bar{p}_m & \bar{\lambda}_1 \bar{\lambda}_{21} \bar{p}_f & (1-\bar{\lambda}_1 \bar{\lambda}_{21})p_m \\ \bar{\lambda}_1 \bar{\lambda}_{21} p_f & \lambda_1 \bar{p}_m & \bar{\lambda}_1 \lambda_{21} \bar{p}_m & \bar{\lambda}_1 \bar{\lambda}_{21} \bar{p}_f & (1-\bar{\lambda}_1 \bar{\lambda}_{21})p_m \end{pmatrix}$$

$$(7-8)$$

（5）当初始状态下次级认知用户数据包数量大于或等于 1 时，X_0 表示系统中次级认知用户数据包的数量增加 1 个的一步转移概率矩阵，X_0 呈现为一个 5×5 矩阵，其具体形式为

$$X_0 = \lambda_{22} Y \qquad (7-9)$$

在式（7-9）中，Y 的具体形式为

$$Y = \begin{pmatrix} \bar{\lambda}_1 \bar{\lambda}_{21} p_f & \lambda_1 \bar{p}_m & \bar{\lambda}_1 \lambda_{21} \bar{p}_m & \bar{\lambda}_1 \bar{\lambda}_{21} \bar{p}_f & (1-\bar{\lambda}_1 \bar{\lambda}_{21})p_m \\ \bar{\lambda}_1 \bar{\lambda}_{21} \mu_1 p_f & \rho \bar{p}_m & \bar{\lambda}_1 \lambda_{21} \mu_1 \bar{p}_m & \bar{\lambda}_1 \bar{\lambda}_{21} \mu_1 \bar{p}_f & (1-\mu_1 \bar{\lambda}_1 \bar{\lambda}_{21})p_m \\ \bar{\lambda}_1 \bar{\lambda}_{21} \mu_{21} p_f & \lambda_1 \bar{p}_m & \bar{\lambda}_1 \zeta \bar{p}_m & \bar{\lambda}_1 \bar{\lambda}_{21} \mu_{21} \bar{p}_f & (1-\mu_{21} \bar{\lambda}_1 \bar{\lambda}_{21})p_m \\ \bar{\mu}_{22} \bar{\lambda}_1 \bar{\lambda}_{21} p_f & \bar{\mu}_{22} \lambda_1 \bar{p}_m & \bar{\mu}_{22} \bar{\lambda}_1 \lambda_{21} \bar{p}_m & \bar{\mu}_{22} \bar{\lambda}_1 \bar{\lambda}_{21} \bar{p}_f & \bar{\mu}_{22}(1-\bar{\lambda}_1 \bar{\lambda}_{21})p_m \\ 0 & 0 & 0 & 0 & 0 \end{pmatrix}$$

$$(7-10)$$

（6）当初始状态下次级认知用户数据包数量大于或等于 2 时，X_2 表示系统中次级认知用户数据包的数量减少 1 个的一步转移概率矩阵，X_2 呈现为一个 5×5 矩阵，其具体形式为

$$X_2 = \begin{pmatrix} 0 & 0 & 0 & 0 & 0 \\ 0 & 0 & 0 & 0 & 0 \\ 0 & 0 & 0 & 0 & 0 \\ 0 & 0 & 0 & \mu_{22}\bar{\lambda}_{22} & 0 \\ 0 & 0 & 0 & 0 & \bar{\lambda}_{22} \end{pmatrix} \times Z \tag{7-11}$$

在式(7-11)中，Z 的具体形式为

$$Z = \begin{pmatrix} 0 & 0 & 0 & 0 & 0 \\ 0 & 0 & 0 & 0 & 0 \\ 0 & 0 & 0 & 0 & 0 \\ \bar{\lambda}_1\bar{\lambda}_{21}p_f & \bar{\lambda}_1\bar{p}_m & \bar{\lambda}_1\lambda_{21}\bar{p}_m & \bar{\lambda}_1\bar{\lambda}_{21}\bar{p}_f & (1-\bar{\lambda}_1\bar{\lambda}_{21})p_m \\ \bar{\lambda}_1\bar{\lambda}_{21}p_f & \bar{\lambda}_1\bar{p}_m & \bar{\lambda}_1\lambda_{21}\bar{p}_m & \bar{\lambda}_1\bar{\lambda}_{21}\bar{p}_f & (1-\bar{\lambda}_1\bar{\lambda}_{21})p_m \end{pmatrix} \tag{7-12}$$

为了对所提出的二维马尔可夫链 $\{S_n, C_n\}$ 进行稳态分析，进一步定义 $\{S_n, C_n\}$ 的稳态分布 $\pi_{i,j}$ 如式(7-13)所列：

$$\pi_{i,j} = \lim_{n \to \infty} P\{S_n = i, C_n = j\} \tag{7-13}$$

从二维马尔可夫链 $\{S_n, C_n\}$ 对应的转移概率 P 的结构来看，马尔可夫链 $\{S_n, C_n\}$ 遵循拟生灭过程。利用矩阵几何解法，可以求得稳态分布 $\pi_{i,j}$ 的数值结果。

7.4　基于分级认知用户非理想感知的频谱分配策略的性能指标

由于次级认知用户的非理想频谱感知，次级认知用户数据包可能与授权用

户数据包或高级认知用户数据包发生信息碰撞。在本章所考虑的马尔可夫链系统模型中，存在一个由数据包冲突引起的混乱状态。为此，将碰撞概率 β 定义为系统处于这种混乱状态的概率。因此，碰撞概率的表达式为

$$\beta = \sum_{i=1}^{\infty} \pi_{i,4} \tag{7-14}$$

在所提出的非理想频谱感知假设下，信道利用率 δ 被定义为信道正在被占用且未处于混乱状态的概率。因此，信道利用率的表达式为

$$\delta = \pi_{0,1} + \pi_{0,2} + \sum_{i=1}^{\infty} \sum_{j=1}^{3} \pi_{i,j} \tag{7-15}$$

次级认知用户的中断率 γ 定义为单位时隙内传输被中断的次级认知用户数据包数量。根据次级认知用户非理想感知假设，次级认知用户数据包的传输在以下两种情况下会发生中断。在第一种情况下，正在传输的次级认知用户数据包正确地检测到具有较高优先级数据包的到达，然后中断传输并返回到缓存。在第二种情况下，正在信道上传输的次级认知用户数据包虚警了具有较高优先级数据包的到达，错误中断了自己的传输并返回到缓存。因此，次级认知用户中断率的表达式为

$$\gamma = \sum_{i=1}^{\infty} \pi_{i,3} \bar{\mu}_{22} [(1 - \bar{\lambda}_1 \bar{\lambda}_{21}) \bar{p}_m + \bar{\lambda}_1 \bar{\lambda}_{21} p_f] \tag{7-16}$$

次级认知用户的吞吐量 θ 定义为单位时隙内完成传输成功离开系统的次级认知用户数据包数量。在所提出的系统模型假设下，一个次级认知用户数据包只有在发生数据包碰撞之后才会传输失败并离开系统。因此，参考文献[109]，给出次级认知用户吞吐量的表达式：

$$\theta = \lambda_{22} \left(1 - \frac{1}{\lambda_{22}} \sum_{i=1}^{\infty} \pi_{i,4} \right) \tag{7-17}$$

次级认知用户的平均延迟 τ 被定义为次级认知用户数据包在系统中逗留的平均时间。参考 Little 公式，τ 的表达式为

$$\tau = \frac{\sum_{i=1}^{\infty} \sum_{j=0}^{4} i\pi_{i,j}}{\lambda_{22}} \tag{7-18}$$

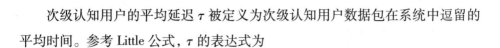 7.5　基于分级认知用户非理想感知的频谱分配策略的实验分析

在本节中将通过数值实验考察非理想频谱感知结果，如漏检概率与虚警概率如何影响系统性能。在以下数值实验中将授权用户数据包、高级认知用户数据包和次级认知用户数据包的服务率设置为 $\mu_1 = \mu_{21} = \mu_{22} = 0.5$。

图 7-1 显示了信道利用率 δ 相对于授权用户数据包到达率 λ_1 的变化趋势，其中 $\lambda_{21} = \lambda_{22} = 0.1$。

由图 7-1 中各指标线的变化趋势可以发现，在理想频谱感知情况下（$p_m = 0.00$，$p_f = 0.00$），信道利用率最高。也就是说，非理想的频谱感知结果对信道利用率产生了负面影响。图 7-1 还显示出随着授权用户数据包到达率的增大，信道利用率也呈现上升的趋势。这是因为随着授权用户数据包到达率的增大，信道被占用的概率也增大了，因此，信道利用率随之增大。此外，随着漏检概率和虚警概率的增加，信道利用率随之降低，这是因为随着漏检概率的增加，更多次级认知用户数据包将由于数据包冲突而离开系统，造成信道利用率的降低。随着虚警概率的增大，更多的次级认知用户数据包因为虚警而失去占用信道进行传输的机会，造成信道利用率的降低。

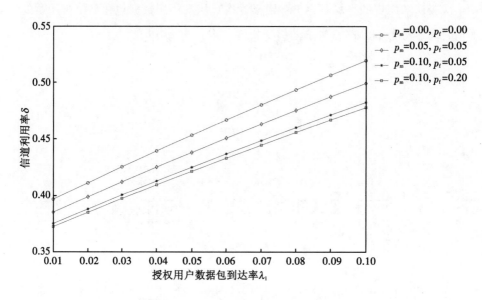

图 7-1　信道利用率的变化趋势

图 7-2 显示了次级认知用户中断率 γ 相对于授权用户数据包到达率 λ_1 的变化趋势，其中 $\lambda_{21} = \lambda_{22} = 0.1$。

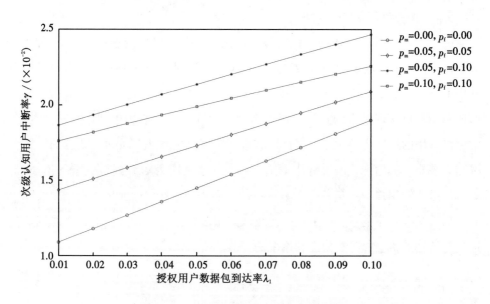

图 7-2　次级认知用户中断率的变化趋势

由图 7-2 中各指标线的变化趋势可以发现，在理想频谱感知情况下（$p_n = 0.00$，$p_f = 0.00$），次级认知用户的中断率最低，非理想的频谱感知结果会提高次级认知用户的中断率，降低次级认知用户的系统性能。图 7-2 还显示出授权用户数据包的较高到达率会增加次级认知用户的中断率。此外，较高的虚警概率会提高次级认知用户的中断率。这是因为更多的次级认知用户数据包将以更高的虚警概率中断自己的传输，造成次级认知用户的中断率上升。此外，值得注意的是，随着漏检概率的增加，次级认知用户的中断率将降低。出现这种比较有趣的变化趋势的原因是，随着次级认知用户漏检概率的增加，更多的次级认知用户数据包将由于数据包冲突而离开系统，这样次级认知用户数据包占用信道的概率随之降低，那么次级认知用户数据包的传输被中断的概率也随之减少，这显然会降低次级认知用户的中断率。

图 7-3 显示了次级认知用户的吞吐量 θ 相对于次级认知用户漏检概率 p_m 的变化趋势，其中 $\lambda_1 = \lambda_{22} = 0.1$。

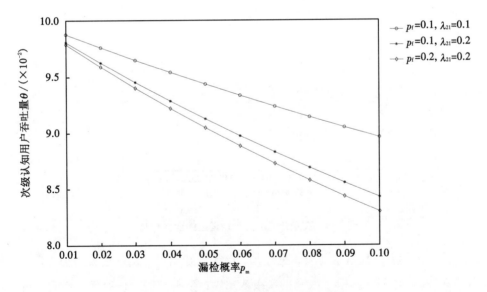

图 7-3　次级认知用户吞吐量的变化趋势

由图 7-3 中各指标线的变化趋势可以发现，随着漏检概率的上升，次级认知用户的吞吐量呈现下降趋势。这是因为随着漏检概率的增大，更多的次级认知用户数据包因为漏检而发生与授权用户数据包或高级认知用户数据包的信息碰撞,导致次级认知用户数据包损失,因此造成其吞吐量下降。图 7-3 还显示出,随着高级认知用户数据包到达率的增大,次级认知用户的吞吐量下降。这是因为高级认知用户数据包到达率越大,越多的高级认知用户数据包接入系统占用信道,次级认知用户数据包占用信道的概率降低,因此其吞吐量将随之降低。另外,随着虚警概率的上升,次级认知用户的吞吐量下降。这是因为一个较高的虚警概率意味着更多的次级认知用户数据包因为虚警而失去自己的传输机会,造成成功传输的次级认知用户数据包数量下降,因此,次级认知用户的吞吐量将下降。

图 7-4 显示了次级认知用户的平均延迟 τ 相对于次级认知用户虚警概率 p_f 的变化趋势,其中 $\lambda_1 = \lambda_{22} = 0.1$。

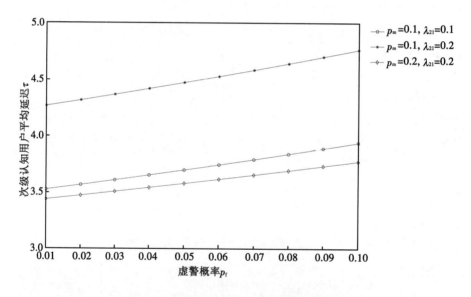

图 7-4   次级认知用户平均延迟的变化趋势

图 7-4 显示,随着虚警概率的增加,次级认知用户平均延迟将增加。这是因为在较高的虚警概率下,大量的次级认知用户数据包因为虚警而中断自己的传输返回缓存,这样缓存区中会有较多数量的次级认知用户数据包逗留,造成次级认知用户平均延迟的上升。图 7-4 还反映出次级认知用户平均延迟可以通过设置较高的漏检概率来减小。产生这种有趣的变化趋势的原因是漏检概率越高,由于数据包冲突而离开系统的次级认知用户数据包就越多,这将减少次级

认知用户的平均延迟。此外，图 7-4 显示出较高的高级认知用户数据包到达率也会导致次级认知用户平均延迟的增加，这是因为高级认知用户数据包的到达率越高，次级认知用户数据包接入信道的概率越低，大量次级认知用户数据包在系统逗留将导致次级认知用户平均延迟的增大。

7.6　本章小结

本章将非理想频谱感知引入含有分级认知用户的认知无线网络研究中，提出了一种基于分级认知用户非理想感知的频谱分配策略，研究和评价了非理想频谱感知结果（漏检和虚警）对系统性能的影响。将非理想感知结果（虚警概率与漏检概率）引入带有多类顾客的离散时间随机排队模型中进行系统性能分析，导出了碰撞概率、信道利用率，以及次级认知用户的中断率、吞吐量和平均延迟等性能指标表达式。最后，通过数值实验研究了非理想频谱感知结果对系统性能的影响。数值实验结果表明，非理想频谱感知结果对系统性能造成了一定的不利影响。例如，虚警概率提高，会增加次级认知用户的中断率和平均延迟，降低次级认知用户的吞吐量。

结　论

认知无线网络技术可以有效提高频谱利用率。考虑到网络传输需求的多样性，本书将认知用户分级引入认知无线网络研究中，对含有分级认知用户的认知无线网络频谱分配策略展开相关研究。结合无线通信网络实际需求，从不同的角度出发，提出了几种新型的自适应控制机制，并将其引入含有分级认知用户的认知无线网络频谱分配策略研究中，通过建立并解析对应的含有多类顾客的离散时间优先权排队模型，对所提出的频谱分配策略进行系统性能分析，并对所提出的频谱分配策略中的关键策略参数进行优化设计研究。本书取得的主要研究成果如下。

面向含有分级认知用户的认知无线网络，基于网络中不同级别用户之间的优先权关系，提出了一系列基于分级认知用户自适应控制的频谱分配策略。考虑次级认知用户的优先权最低，分别引入接入阈值和动态接入调节因子，实现对次级认知用户数据包的接入控制。针对被高优先级用户中断传输的数据包引入中断掉包控制，提出了基于分级认知用户中断掉包的频谱分配策略。针对高级认知用户的相对优先权，提出高级认知用户非抢占控制机制及高级认知用户概率抢占机制，以平衡网络中不同级别认知用户的系统性能。最后，引入次级认知用户非理想频谱感知结果，提出了基于分级认知用户非理想感知的频谱分配策略。

针对所提出的频谱分配策略的工作机制进行系统模型建立。针对接入阈值与动态接入调节因子，分别建立了带有多类顾客有限等待空间的离散时间抢占优先权排队模型和带有多类顾客可调输入率的离散时间抢占优先权排队模型。针对中断掉包机制，建立了带有多类顾客中断离开的离散时间抢占优先权排队模型。针对高级认知用户的非抢占和概率抢占机制，分别建立了带有多类顾客无限等待空间的离散时间非抢占优先权排队模型和带有多类顾客有限等待空间的离散时间概率抢占优先权排队模型。基于次级认知用户的非理想频谱感知结果，将漏检概率和虚警概率引入带有多类顾客的离散时间随机排队模型中。

对所建立的系统模型分别进行了稳态解析，基于系统状态转移建立离散时间马尔可夫链，给出了系统的转移概率矩阵并导出了稳态分布，进一步构建了以信道利用率、高级认知用户和次级认知用户的阻塞率、吞吐量等为代表的系统性能指标评价体系。通过数值实验，验证了所提出的频谱分配策略中的关键策略参数，如接入阈值、调节因子、抢占概率等对系统性能的影响，并验证了策略的有效性。对频谱分配策略进行了优化研究，给出了接入阈值、调节因子、抢占概率等策略参数的优化设置方案。在中断掉包和高级认知用户非抢占机制下，针对次级认知用户的系统接入行为进行了博弈分析，分别给出了次级认知用户的个人最优策略和社会最优策略，并通过引入接入费用使次级认知用户遵循社会最优。

本书所进行的含有分级认知用户的认知无线网络研究可以较好地适应当今无线通信网络的多样化传输需求，应用前景更加广泛。本书中对应频谱分配策略建立的离散时间随机排队模型更加适应通信网络传输的数字化特点，为认知无线网络相关模型解析提供理论依据。对频谱分配策略的优化研究可以进一步改进所提出的基于分级认知用户的自适应控制机制，为网络运行过程中的相关策略参数设置提供理论支持。

含有分级认知用户的认知无线网络的后续研究可以从以下五个方面展开。

其一，本书所提出的频谱分配策略均是针对单信道频谱环境展开的，后续研究可以扩展到多信道频谱环境。当引入多信道频谱环境后，授权用户与认知用户，以及分级认知用户之间的交互行为将更为繁复，对应的系统模型的建立与解析过程也更为复杂，所以后续研究需要突破建模与模型解析的复杂性，进行多信道频谱环境下的系统性能分析。

其二，本书所提出的频谱分配策略多是在理想频谱感知假设下展开的，虽然本书第7章尝试将非理想频谱感知结果引入含有分级认知用户的认知无线网络研究中，但研究还不够深入。在后续研究中，可以在非理想频谱感知的背景下，设计适应于分级认知用户的更为复杂的自适应控制机制，使所提出的频谱分配策略更具普适性。

其三，本书所提出的认知用户分级机制将认知用户分为高级认知用户和次级认知用户两级，在后续研究中可以考虑引入更加复杂的认知用户分级机制，如根据认知用户不同延迟敏感性进行分级，或根据认知用户所能支付的网络使用佣金等进行分级，以适应更加复杂的实际网络运行环境。

其四，本书所提出的频谱分配策略都是基于 Overlay 频谱分配方式展开的，低优先级用户只能在高优先级用户未占用信道时使用信道。在后续研究中，可以在含有分级认知用户的认知无线网络中考虑 Underlay 频谱分配方式，并设计适应于分级认知用户的混合式 Overlay/Underlay 频谱分配方式，进一步充实含有分级认知用户的认知无线网络的相关研究。

其五，后续在对含有分级认知用户的认知无线网络优化研究中，可以进一步考虑针对系统中多个重要策略参数的联合优化方案的设计研究，在对分级认知用户的系统行为的博弈分析中，考虑不同信息精度下分级认知用户的接入率的优化设置方案。

参考文献

[1] 弗朗克 H P. 菲特泽克, 马尔可思 D 卡兹.认知无线网络[M].周正, 译.北京: 北京邮电大学出版社, 2011.

[2] MITOLA J. Cognitive radio for flexible mobile multimedia communications [C]//Proceedings of the IEEE International Workshop on Mobile Multimedia Communications, 1999: 3-10.

[3] MITOLA J, MAGUIRE G Q.Cognitive radio: making software radios more personal[J].IEEE personal communications, 1999, 6(4): 13-18.

[4] 冯志勇, 张平, 郎保真, 等.认知无线网络理论与关键技术[M].北京: 人民邮电出版社, 2011.

[5] 张勇, 滕颖蕾, 宋梅.认知无线电与认知网络[M].北京: 北京邮电大学出版社, 2012.

[6] ATTAR A, GHORASHI S A, SOORIYABANDARA M, et al.Challenges of real-time secondary usage of spectrum[J].Computer networks, 2008, 52(4): 816-830.

[7] AHMAD A, AHMAD S, REHMANI M H, et al.A survey on radio resource allocation in cognitive radio sensor networks[J].IEEE communications surveys & tutorials, 2015, 17(2): 888-917.

[8] AKYILDIZ I F, LEE W Y, VURAN M C, et al.NeXt generation/dynamic spectrum access/cognitive radio wireless networks: a survey[J].Computer networks, 2006, 50(13): 2127-2159.

[9] SHARMA S K, BOGALE T E, CHATZINOTAS S, et al.Cognitive radio techniques under practical imperfections: a survey[J].IEEE communications surveys & tutorials, 2015, 17(4): 1858-1884.

[10] HAYKIN S.Cognitive radio: brain-empowered wireless communications[J]. IEEE journal on selected areas in communications, 2005, 23(2): 201-220.

[11] SHARMA R K, RAWAT D B.Advances on security threats and countermeasures for cognitive radio networks: a survey[J].IEEE communications surveys & tutorials, 2015, 17(2): 1023-1043.

[12] GUPTA N, DHURANDHER S K.Cross-layer perspective for channel assignment in cognitive radio networks: a survey[J].International journal of communication systems, 2020, 33(5): 1-19.

[13] CHKIRBENE Z, HAMDI N.A survey on spectrum management in cognitive radio networks[J].International journal of wireless and mobile computing, 2015, 8(2): 153-165.

[14] DE DOMENICO A, STRINATI E C, DI BENEDETTO M.A survey on MAC strategies for cognitive radio networks[J].IEEE communications surveys & tutorials, 2012, 14(1): 21-44.

[15] PANDIT S, SINGH G.An overview of spectrum sharing techniques in cognitive radio communication system[J].Wireless networks, 2017, 23(2): 497-518.

[16] GUPTA M S, KUMAR K.Progression on spectrum sensing for cognitive radio networks: a survey, classification, challenges and future research issues[J]. Journal of network and compute applications, 2019, 143: 47-76.

[17] ARJOUNE Y, KAABOUCH N.A comprehensive survey on spectrum sensing in cognitive radio networks: recent advances, new challenges, and future research directions[J].Sensors, 2019, 19(1): 1-32.

[18] MALEKI A, MIRZAHOSSEINI D, MOGHADDAM N A.A cooperative bayesian-based detection framework for spectrum sensing in cognitive radio networks[J].IET communications, 2019, 13(15): 2280-2284.

[19] YAN J, YIN P, JOE I.Clustering scheme for cooperative spectrum sensing in cognitive radio networks[J].IET communications, 2016, 10(13): 1590-1595.

[20] KATAYAMA H, MASUYAMA H, KASAHARA S, et al.Effect of spectrum sensing overhead on performance for cognitive radio networks with channel bonding[J].Journal of industrial and management optimization, 2014, 10 (1): 21-40.

[21] XU Y, ZHAO X, LIANG Y C.Robust power control and beamforming in cognitive radio networks: a survey[J].IEEE communications surveys & tutorials, 2015, 17(4): 1834-1857.

[22] SONG M G, KIM Y J, PARK E Y, et al.Rate adaptation and power allocation for cognitive radio networks with HARQ-based primary system[J].IEEE transactions on communications, 2014, 62(4): 1178-1187.

[23] ZUO J, ZHAO L, BAO Y, et al.Energy-efficient power allocation for cognitive radio networks with joint overlay and underlay spectrum access mechanism[J].ETRI journal, 2015, 37(3): 471-479.

[24] TSAKMALIS A, CHATZINOTAS S, OTTERSTEN B.Centralized power control in cognitive radio networks using modulation and coding classification feedback[J].IEEE transactions on cognitive communications and networking, 2016, 2(3): 223-237.

[25] JING T, ZHU S, LI H, et al.Cooperative relay selection in cognitive radio networks[J].IEEE transactions on vehicular technology, 2015, 64(5): 1872-1881.

[26] ZHANG T, YUAN W, LANG K, et al.Joint spectrum allocation and relay selection in cellular cognitive radio networks[J].Mobile networks & applications, 2011, 16(6): 748-759.

[27] BARIAH L, MUHAIDAT S, AL-DWEIK A.Error performance of NOMA-based cognitive radio networks with partial relay selection and interference power constraints[J].IEEE transactions on communications, 2020, 68(2): 765-777.

[28] 李少谦, 陈劼, 段景山, 等.认知无线网络组网协议与应用[M].北京: 国防工业出版社, 2015.

[29] WANG B, LIU K J R.Advances in cognitive radio networks: a survey[J]. IEEE journal of selected topics in signal processing, 2011, 5(1): 5-23.

[30] ZHANG Z, LONG K, WANG J.Self-organization paradigms and optimization approaches for cognitive radio technologies: a survey[J].IEEE wireless communications, 2013, 20(2): 36-42.

[31] ZHAO Y, JIN S, YUE W.Adjustable admission control with threshold in centralized CR networks: analysis and optimization[J].Journal of industrial and management optimization, 2015, 11(4): 1393-1408.

[32] BAYHAN S, ALAGÖZ F.Scheduling in centralized cognitive radio networks for energy efficiency[J].IEEE transactions on vehicular technology, 2013, 62(2): 582-595.

[33] EL AZALY N M, BADRAN E F, KHEIRALLAH H N, et al.Performance analysis of centralized dynamic spectrum access via channel reservation mechanism in cognitive radio networks[J].Alexandria engineering journal, 2021, 60(1): 1677-1688.

[34] PEI Q, YUAN B, LI L, et al.A sensing and etiquette reputation-based trust management for centralized cognitive radio networks[J].Neurocomputing, 2013, 101(4): 129-138.

[35] ZHAO Y, JIN S, YUE W.Performance evaluation of the centralized spectrum access strategy with multiple input streams in cognitive radio networks[J]. IEICE transactions on communications, 2014, 97(2): 334-342.

[36] ZHANG Y, NIYATO D, WANG P, et al.Auction-based resource allocation in cognitive radio systems[J].IEEE communications magazine, 2012, 50 (11): 108-120.

[37] ZHANG Y, LEE C, NIYATO D, et al.Auction approaches for resource allocation in wireless systems: a survey[J].IEEE communications surveys & tutorials, 2013, 15(3): 1020-1041.

[38] SYED A R, YAU K.Spectrum leasing in cognitive radio networks: a survey [J].International journal of distributed sensor networks, 2014, 2014: 1-22.

［39］ ERASLAN B, GÖZÜPEK D, ALAGÖZ F.An auction theory based algorithm for throughput maximizing scheduling in centralized cognitive radio networks ［J］.IEEE communications letters, 2011, 15(7): 734-736.

［40］ REN P, WANG Y, DU Q, et al.A survey on dynamic spectrum access protocols for distributed cognitive wireless networks［J］.EURASIP journal on wireless communications and networking, 2012, 2012: 1-21.

［41］ TAN L T, LE L B.Distributed MAC protocol for cognitive radio networks: design, analysis, and optimization［J］.IEEE transactions on vehicular technology, 2011, 60(8): 3990-4003.

［42］ 胡小辉, 许力, 黄川.认知无线电网络中分布式频谱分配策略的研究［J］. 小型微型计算机系统, 2013, 34(4): 716-720.

［43］ ZHANG H, ZHANG Z, DAI H, et al.Distributed spectrum-aware clustering in cognitive radio sensor networks.［C］//Proceedings of 2011 IEEE Global Telecommunications Conference, 2011: 1-6.

［44］ HAWA M, DARABKH K A, KHALAF L D, et al.Dynamic resource allocation using load estimation in distributed cognitive radio systems［J］.AEUE-international journal of electronics and communications, 2015, 69(12): 1833-1846.

［45］ LUNDEN J, MOTANI M, POOR H V.Distributed algorithms for sharing spectrum sensing information in cognitive radio networks［J］.IEEE transactions on wireless communications, 2015, 14(8): 4667-4678.

［46］ MARINHO J, MONTEIRO E.CORHYS: hybrid signaling for opportunistic distributed cognitive radio［J］.Computer networks, 2015, 81(22): 19-42.

［47］ 邱晶, 周正.认知无线电网络中的分布式动态频谱共享［J］.北京邮电大学学报, 2009, 32(1): 69-72.

［48］ LIANG Q, SUN G, WANG X.Random leader: a distributed-centralized spectrum sharing scheme in cognitive radios［C］//Proceedings of the IEEE International Conference on Communications, 2012: 1806-1810.

［49］ LIANG Q, HAN S, YANG F, et al.A distributed-centralized scheme for short-term and long-term spectrum sharing with a random leader in cognitive radio networks[J].IEEE journal on selected areas in communications, 2012, 30(11): 2274-2284.

[50] MARINHO J, MONTEIRO E.Cognitive radio: survey on communication protocols, spectrum decision issues, and future research directions[J].Wireless networks, 2012, 18(2): 147-164.

[51] ZHAO Q, SADLER B M.A survey of dynamic spectrum access[J].IEEE signal processing magazine, 2007, 24(3): 79-89.

[52] CHEN R, LI Z, SHI J, et al.Achieving covert communication in overlay cognitive radio networks[J].IEEE transactions on vehicular technology, 2020, 69(12): 15113-15126.

[53] HOMAYOUNZADEH A, MAHDAVI M.Performance analysis of cooperative cognitive radio networks with imperfect sensing[C]//2015 International Conference on Communications, Signal Processing, and their Applications (ICCSPA'15), 2015: 1-6.

[54] WU C, HE C, JIANG L, et al.Optimal channel sensing sequence design for spectrum handoff[J].IEEE wireless communications letters, 2015, 4(4): 353-356.

[55] JIANG W, FENG W, YANG Y.Spectrum allocation based on auction in overlay cognitive radio network[J].KSII transactions on internet and information systems, 2015, 9(9): 3312-3334.

[56] MASRI A, TARAPIAH S, DAMA Y.Secondary user power saving in overlay cognitive radio networks[J].International journal of computer applications, 2014, 86(7): 1-5.

[57] ZHAO Y, JIN S, YUE W.An adjustable channel bonding strategy in centralized cognitive radio networks and its performance optimization[J].Quality technology & quantitative management, 2015, 12(3): 293-312.

[58] KUMAR B, KUMAR DHURANDHER S, WOUNGANG I.A survey of overlay and underlay paradigms in cognitive radio networks[J].International journal

of communication systems, 2018, 31(2): 1-20.

[59] LE L B, HOSSAIN E.Resource allocation for spectrum underlay in cognitive radio networks[J].IEEE transactions on wireless communications, 2008, 7(12): 5306-5315.

[60] LIU Y, DING Z, ELKASHLAN M, et al.Nonorthogonal multiple access in large-scale underlay cognitive radio networks[J].IEEE transactions on vehicular technology, 2016, 65(12): 10152-10157.

[61] 王正强.认知无线电网络中基于博弈论的功率控制算法研究[M].北京: 科学出版社, 2016.

[62] HONG J P, HONG B, BAN T W, et al.On the cooperative diversity gain in underlay cognitive radio systems[J].IEEE transactions on communications, 2012, 60(1): 209-219.

[63] YU H, GAO L, LI Z, et al.Pricing for uplink power control in cognitive radio networks[J].IEEE transactions on vehicular technology, 2010, 59(4): 1769-1778.

[64] ZHAO N, SUN H.Robust power control for cognitive radio in spectrum underlay networks[J].KSII transactions on internet and information systems, 2011, 5(7): 1214-1229.

[65] SONG H, HONG J P, CHOI W.On the optimal switching probability for a hybrid cognitive radio system[J].IEEE transactions on wireless communications, 2013, 12(4): 1594-1605.

[66] DO C T, TRAN N H, HONG C S, et al.Finding an individual optimal threshold of queue length in hybrid overlay/underlay spectrum access in cognitive radio networks[J].IEICE transactions on communications, 2012, 95(6): 1978-1981.

[67] 刘建平, 金顺福, 王宝帅.基于排队模型的混合 overlay/underlay 频谱共享优化策略研究[J].通信学报, 2017, 38(9): 55-64.

[68] CHU T M C, PHAN H, ZEPERNICK H.Dynamic spectrum access for cognitive radio networks with prioritized traffics[J].IEEE communications letters,

2014, 18(7): 1218-1221.

[69] ZHANG Y, JIANG T, ZHANG L, et al.Analysis on the transmission delay of priority-based secondary users in cognitive radio networks[C]//Proceedings of the International Conference on Wireless Communications & Signal Processing, 2013: 1-6.

[70] BAYRAKDAR M E, CALHAN A.Improving spectrum handoff utilization for prioritized cognitive radio users by exploiting channel bonding with starvation mitigation[J].AEU-international journal of electronics and communications, 2017, 71: 181-191.

[71] LEE Y, PARK C G, SIM D B.Cognitive radio spectrum access with prioritized secondary users [J]. Applied mathematics & information sciences, 2012, 6(2S): 595S-601S.

[72] TUMULURU V K, WANG P, NIYATO D, et al.Performance analysis of cognitive radio spectrum access with prioritized traffic[J].IEEE transactions on vehicular technology, 2012, 61(4): 1895-1906.

[73] EL-TOUKHEY A T, AMMAR A A, TANTAWY M M, et al.Performance analysis of different opportunistic spectrum access based on secondary users priority using licensed channels in cognitive radio networks[C]//Proceedings of the 2017 34th National Radio Science Conference(NRSC), 2017: 160-169.

[74] 盛友招.排队论及其在现代通信中的应用[M].北京: 人民邮电出版社, 2007.

[75] 孙荣恒, 李建平.排队论基础[M].北京: 科学出版社, 2002.

[76] 何选森.随机过程与排队论[M].长沙: 湖南大学出版社, 2010.

[77] 唐加山.排队论及其应用[M].北京:科学出版社, 2016.

[78] FILIP P, ALFA A S, MAHARAJ B T, et al.Queueing models for cognitive radio networks: a survey[J].IEEE access, 2018, 6: 50801-50823.

[79] DUDIN A N, LEE M H, DUDINA O, et al.Analysis of priority retrial queue with many types of customers and servers reservation as a model of cognitive

radio system[J].IEEE transactions on communications, 2017, 65(1): 186-199.

[80] CHU T M C, PHAN H, ZEPERNICK H.On the performance of underlay cognitive radio networks using M/G/1/K queueing model[J].IEEE communications letters, 2013, 17(5): 876-879.

[81] KAUR P, KHOSLA A, UDDIN M.Markovian queueing model for dynamic spectrum allocation in centralized architecture for cognitive radios[J].IACSIT international journal of engineering and technology, 2011, 3(1): 96-101.

[82] KOTOBI K, BILEN S.Spectrum sharing via hybrid cognitive players evaluated by an M/D/1 queueing model[J].EURASIP journal on wireless communications & networking, 2017, 2017: 1-11.

[83] DO C T, TRAN N, HONG C S.Throughput maximization for the secondary user over multi-channel cognitive radio networks[C]//Proceedings of the International Conference on Information Networking, 2012: 65-69.

[84] 田乃硕, 徐秀丽, 马占友.离散时间排队论[M].北京: 科学出版社, 2008.

[85] ZHAO Y, JIN S, YUE W.A novel spectrum access strategy with α-retry policy in cognitive radio networks: a queueing-based analysis[J].Journal of communications & networks, 2014, 16(2): 193-201.

[86] HAMZA D, AÏSSA S.Enhanced primary and secondary performance through cognitive relaying and leveraging primary feedback[J].IEEE transactions on vehicular technology, 2014, 63(5): 2236-2247.

[87] 金顺福, 李刚, 霍占强, 等.认知无线电网络频谱聚合策略的性能优化[J].北京邮电大学学报, 2014, 37(6): 77-80.

[88] OSBORNE M J, RUBINSTEIN A.A course in game theory[M].Cambridge: MIT Press, 1994.

[89] WANG B, WU Y, LIU K J R.Game theory for cognitive radio networks: an overview[J].Computer networks, 2010, 54(14): 2537-2561.

[90] 孙薇.基于博弈论的排队经济学模型及策略分析[D].秦皇岛: 燕山大学,

2010.

[91] 王金亭.排队博弈论基础[M].北京：科学出版社,2016.

[92] ALFA A S.Queueing theory for telecommunications: discrete time modelling of a single node system[M].New York: Springer, 2010.

[93] ZHAO Y, WANG J, LIU J, et al.Optimization of access threshold for cognitive radio networks with prioritized secondary users[J].Mobile information systems, 2016, 2016: 1-8.

[94] ZHAO Y, BAI L.Performance analysis and optimization for cognitive radio networks with classified secondary users and impatient packets[J].Mobile information systems, 2017, 2017: 1-8.

[95] ZHAO Y, YUE W.Performance evaluation and optimization of cognitive radio networks with adjustable access control for multiple secondary user[J].Journal of industrial and management optimization,2019, 15(1): 1-14.

[96] ZHAO Y, YUE W.Cognitive radio networks with multiple secondary users under two kinds of priority schemes: performance comparison and optimization [J].Journal of industrial and management optimization,2017, 13(3): 1449-1466.

[97] ZHAO Y, YUE W.Optimization of a probabilistic interruption mechanism for cognitive radio networks with prioritized secondary users[J].Pacific journal of optimization,2019, 15(2): 207-218.

[98] ZHAO Y, YUE W.Cognitive radio networks with non-ideal spectrum sensing and multiple classes of secondary users[C]//Proceedings of the 13th International conference on Queueing Theory and Network Applications, 2018: 160-167.

[99] NGUYEN-THANH N, PHAM A T, NGUYEN V T.Medium access control design for cognitive radio networks: a survey[J].IEICE transactions on communications, 2014, E97. B(2): 359-374.

[100] TURHAN A, ALANYALI M, STAROBINSKI D.Optimal admission control of secondary users in preemptive cognitive radio networks[C]//Proceedings

of the 10th International Symposium on Modeling and Optimization in Mobile, Ad Hoc and Wireless Networks, 2012：138-144.

［101］ 徐友云, 李大鹏, 钟卫, 等.认知无线电网络资源分配：博弈模型与性能分析［M］.北京：电子工业出版社, 2013.

［102］ HASSIN R, HAVIV M.To queue or not to queue：equilibrium behavior in queueing systems［M］.Boston：Kluwer Academic Publishers, 2003：1-4, 21-24.

［103］ DO C T, TRAN N H, NGUYEN M V, et al.Social optimization strategy in unobserved queueing system in cognitive radio networks［J］.IEEE communications letters, 2012, 16(12)：1943-1947.

［104］ 傅英定, 成孝予, 唐应辉.最优化理论与方法［M］.北京：国防工业出版社, 2008.

［105］ SALEEM Y, REHMANI M H.Primary radio user activity models for cognitive radio networks：a survey［J］.Journal of network & computer applications, 2014, 43：1-16.

［106］ GHASEMI A, SOUSA E S.Spectrum sensing in cognitive radio networks：requirements, challenges and design trade-offs［J］.IEEE communications magazine, 2008, 46(4)：32-39.

［107］ JIN S, YUE W.Opportunistic spectrum access mechanism with imperfect sensing results［M］.New York：Springer, 2021.

［108］ TANG S.A general model of opportunistic spectrum sharing with unreliable sensing［J］.International journal of communication systems, 2014, 27(1)：1-14.

［109］ JIN S, YUE W, GE S.Equilibrium analysis of an opportunistic spectrum access mechanism with imperfect sensing results［J］.Journal of industrial and management optimization, 2017, 13(3)：1255-1271.